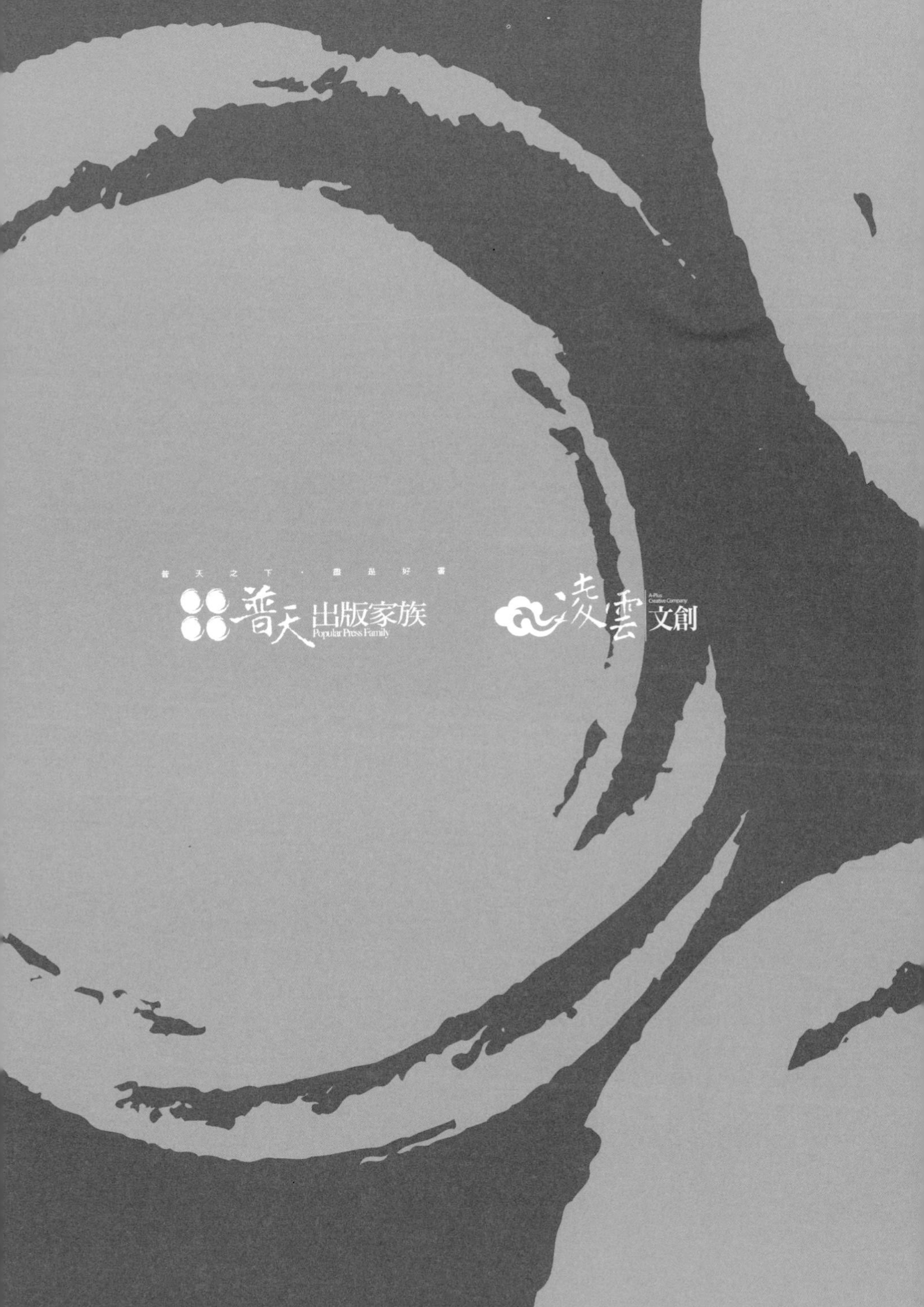
普 天 之 下 ・ 盡 是 好 書
普天出版家族
Popular Press Family
凌雲文創
A-Plus Creative Company

The Art of War

Thick Black Theory is a philosophical treatise written by Li Zongwu, a disgruntled politician and scholar born at the end of Qing dynasty. It was published in China in 1911, the year of the Xinhai revolution, when the Qing dynasty was overthrown.

商戰奇謀妙計 II

# 孫子兵法

## 活用兵法智慧，才能為自己創造更多機會

# 三十六計

《孫子兵法》說：

「善戰者立於不敗之地，
而不失敵之敗也。是故勝兵先勝，而後求戰；
敗兵先戰，而後求勝。」

確實如此，善於心理作戰的聰明人，都不會錯過打敗敵人的良機，也不會坐待敵人自行潰敗。
不管任何形式的競爭都必須具備一定的競爭謀略，
從不斷變化的情勢看準有利的機會迅速出手，為自己爭取最大的利益。

唯有靈活運用智慧，才能為自己創造更多機會，想在各種戰場上克敵制勝，
《孫子兵法》與《三十六計》絕對是你必須熟讀的人生智慧寶典。

Thick Black Theory is a philosophical treatise written by Li Zongwu, a disgruntled politician and scholar born at the end of Qing dynasty. It was published in China in 1911, the year of the Xinhai revolution, when the Qing dynasty was overthrown.

羅策

【出版序】

# 活用兵法智慧，創造更多機會

唯有靈活運用智慧，才能為自己創造更多機會，想在各種戰場上克敵制勝，《孫子兵法》與《三十六計》絕對是你必須熟讀的人生智慧寶典。

經濟學家法瑪說過：「市場不是抽象的動物，而是眾多投資人做決定的地方，因此，不論你做什麼決定，其實都是跟其他人在打賭。」

所有的商業行爲，基本上都是各方勢力的博弈，想要戰勝難纏的競爭對手，想要發財致富，就必須具備過人的智慧和膽識，既要看到風險後面的龐大契機，更看到機會後面的巨大風險。

活在腦力競賽、心理博弈的時代，想提升自己的競爭力，就得讀點《三十六計》，活用一些克敵制勝的招數。

《三十六計》是與《孫子兵法》齊名的經典奇書，集歷代兵法、韜略、計謀之大成，並且融合《易經》理論，推演出各種對戰關係的相互轉化，每一計都靈活多變，只要能巧妙運用，就無異於掌握了致勝的關鍵！

如何才能將一家公司經營得有聲有色、前景與聲勢非凡呢？最客觀的衡量標準，應該是什麼？

想必大家都知道，當然是利潤；沒有利潤，公司就無法生存。

那麼，源源不斷的利潤從哪裡來？

毫無疑問，答案是成功的經營。

本書的推出，用意正在於探討公司經營致勝的妙計，因為，如果不具備經商應有的心機，無法處理此類營運之時遭遇的各種難題，弄不明白其中奧妙，必定無法擺脫錯誤，甚至可能會遇上難以收拾的大麻煩、大漏洞。

的確，經營問題至關重要。不懂得如何經營，無法抓住商機，僅懂一點雕蟲小技，還能算得上是合格老闆嗎？當然不能。事實上，要做點小生意，並不是太難，但要經營公司，學問可就大了，必須掌握一套有效的經營術，才能讓自己在任何時

候、任何情況，都立於不敗之地。

經營本身充滿了智慧，不懂方法的行為就只能稱作胡來。

不管公司大小，都是一個系統，想要成功，老闆必須把整個「系統」經營好，而且應當做到全方位管控，操控收放自如。

不管做生意或經營公司，靠的是腦力，而不是蠻力，應該動腦筋，找對可靠的「勢力」提攜自己，然後慢慢積累實力，才能佔領市場。

有很多人天天吃苦，埋頭賺小錢，卻不知道這並非商道的全部，更不知道該學著「用心機發掘商機」。

眞正的聰明人，會在時機不成熟時，耐心等待最好的出擊時刻，以達到事半功倍的效果。若能不費多少力氣就賺大錢，豈不是一件美事？

商機無限，但究竟藏在什麼地方？

其實，就藏在你的眼光中，藏在你的心機裡。

假使無意間發現商機，卻沒有太大把握是否要全心全力投入，那不如停下來看清形勢，然後跟著高人順水推舟。

開公司就是要謀利，但不能急於求成，該學著採用「欲擒故縱」手法，先放，再收，如此反倒能得到比預期更多的收穫。

又有些時候，情況會突然產生變化，你就不能枯等機運降臨，必須趕緊改變思路，尋求一套新的發展之道，來保護自己、成就自己，否則，必定免不了遭受重創，體無完膚。

商場情勢千變萬化，當大軍壓境時該怎麼辦？是的，這時就是考驗企業領導者是否具備最難得的智慧和膽識！

經營公司常常得面臨「大軍壓境」的緊迫感，這時候，畏懼害怕一點作用都沒有，需要的是勇於面對的精神和克敵制勝的智慧。

本書提供了無數克敵制勝的妙計，運用這些妙計，需要什麼？

正是經營者必須具備智慧和本領。

許多公司的老闆表面上都很張狂，但腦袋裡的知識常識並不多，更沒辦法運用心機攫取商機，即使偶有發揮，也是瞎貓碰上死耗子，成功猶如曇花一現。因此，學習思考，用更全面、透徹的眼光看事物，然後聰明地在適當時機運用心機，開創

商機，才是最有效的致富之道。

《孫子兵法》說：「善戰者立於不敗之地，而不失敵之敗也。是故勝兵先勝，而後求戰；敗兵先戰，而後求勝。」

確實如此，善於心理作戰的聰明人，都不會錯過打敗敵人的良機，也不會坐待敵人自行潰敗。不管任何形式的競爭都必須具備一定的競爭謀略，從不斷變化的情勢看準有利的機會迅速出手，爲自己牟取最大的利益。

唯有靈活運用智慧，才能爲自己創造更多機會，想在各種戰場上克敵制勝，《孫子兵法》與《三十六計》絕對是你必須熟讀的人生智慧寶典。

《三十六計》萃取《孫子兵法》的謀略精華，不僅運用在軍事領域，在商業競爭之時也廣泛被援用。

與《孫子兵法》相比，《三十六計》著重於實戰，對戰計謀多變、語彙淺顯易懂，更涉及性格的強化、心境的調整、能力的提升、經驗的累積、人脈的增長、競爭優勢的確立……等各個層面。只要多加學習，必定讓自己受益無窮。

# 目錄 CONTENTS

【出版序】活用兵法智慧，創造更多機會

【第19計】釜底抽薪

以硬碰硬，讓對手屈服於壓力／020
從不利局勢中奪取勝利／023
妄想一網打盡，不如專攻主要客群／026
抓得住人才，才有更亮麗的未來／029
優勢來自有效的攻勢／032

【第20計】渾水摸魚

藉「渾水摸魚」達成自己的目的／041
打破市場平衡，趁亂分一杯羹／044
把注意力放在投資效益／047
與眾不同就能領先群雄／051
看出不為人知的商機／055

【第21計】金蟬脫殼

以退為進，迂迴攻擊求取勝利／062

用假象掩飾自己的動向／066

遭遇危機，不妨換個方式出擊／071

要有品質，更要受人注目／074

壯大自己之前，先個選好靠山／077

【第22計】關門捉賊

懂得變通，才會成功／085

用包夾策略，將消費者完全包圍／089

表現誠意是最能抓住顧客的妙計／093

動手讓產品更合消費者胃口／097

【第23計】遠交近攻

運用現有資源打下另一片天／104

審慎選擇合作的對象／108

目錄 CONTENTS

發掘市場的潛在利益／111
援引外力，補強自己的實力／115

【第24計】假道代虢
胸懷大志才能成為經營大師／123
借別人的聲名，讓自己成名／127
正確的資訊價值超過黃金／130
推銷具人性，溝通零距離／133
抓住對手的短處，就能喧賓奪主／136

【第25計】偷樑換柱
用心機捕捉機遇／143
顛覆傳統就有新的收穫／147
釋出善意，擴大自己的勢力／150
人才如錢財，多多益善／153
全方位提升自己的實力／156

【第26計】指桑罵槐

用紀律凝聚鬆散的組織／166

用「堅持」打造品牌光圈／169

化敵為友，會有驚人的效果／173

轉個彎，一樣可以達到目的／177

憑穩健步伐打下自己的天下／181

【第27計】假癡不癲

別忽視消費者的真正需求／188

完善的售後服務引來更多客戶／191

誠實也是一種做生意的方式／194

知己知彼，小蝦米也可以吃掉大鯨魚／197

【第28計】上屋抽梯

壓力正是激發創意的動力／204

用高額獎金讓消費者欲罷不能／207

挑戰風險才能不斷晉級／210
「免費贈送」最能勾引顧客的心／214
凝聚向心力，讓員工死心塌地／217

【第29計】樹上開花
掌握機密，能獲得最終勝利／224
想做大生意，就別怕讓人看見自己／229
借力使力，借他人的優勢宣傳自己／233
對準消費者的需求下手／236
打響好名聲，銷量自然步步高升／239

【第30計】反客為主
主動進攻，才會成功／246
善用機會，就能主客易位／250
搶生意得要選在好時機／253
主動出擊是奪得勝利的必備態度／256
山不轉路轉，處處都有商機／259

【第31計】美人計

第一印象是決定成敗的重要關卡／266

建立美好名聲，打響品牌行銷／269

討好客戶，以最小投入換取最大產出／273

發揮「美人計」的驚人威力／276

別輕忽了形象對生意的影響／279

【第32計】空城計

商場戰略重在膽識與謀略／287

拿出膽識才能扭轉劣勢／291

肯動腦筋，一定找得到商機／294

臨事不亂才能度過難關／298

把廣告打在最需要的地方／301

【第33計】反間計

毫無警覺就會吃大虧／308

目錄 CONTENTS


遭遇算計，要學會將計就計／311
找對問題，找對答案／314
別輕信詐騙者的謊言／317
情報是市場競爭的關鍵報告／320

【第34計】苦肉計

先吃苦頭，終能吃到甜頭／327
放棄小利益，換取顧客的心／331
讓產品「受苦」，買氣便能進補／335
掌握「價格」這把鋒利武器／338
孤注一擲換來出乎意料的奇蹟／341

【第35計】連環計

想套利，就得施展連環計／348
思慮周詳，計策才能施展／352
猶豫只會成全他人的勝利／355

以多元化經營增強競爭力／360
有周密的智謀才能出頭／363

## 【第36計】走為上計

強敵在前，不如以退為進／370
哀兵也是一種商戰巧策／374
轉移陣地，會讓營運出現轉機／377
探清局勢，放膽去嘗試／380

# 第19計 釜底抽薪

【原文】

不敵其力，而消其勢，兑下乾上之象。

【注釋】

不敵其力：敵，對抗、攻擊。力，強力、鋒芒。

消其勢：消，削弱、消減。勢，氣勢。

兑下乾上之象：兑下乾上爲《周易》六十四卦之中的履卦。兌爲澤，爲陰柔之象；乾爲天，爲陽剛之象。整個卦象爲陰勝陽、柔克剛。其卦辭爲：「履虎尾，不人，亨。」寓意是：老虎是兇猛陽剛之獸，但只要以陰柔克之，小心謹愼行事，即使踩著老虎的尾巴，牠也不會咬人。此卦預示事情將經歷險阻而後通達，終於順利。此處借用此卦，強調遇到強敵，不要與之硬碰，而要用陰柔的方法消滅對方剛猛之氣，然後設法加以制服。

【譯文】

不直接面對敵人的鋒芒，而善於抓住主要矛盾，削弱敵人的氣勢。也就是說，以柔克剛的辦法，可以削弱對手的戰鬥力。

【計名探源】

釜底抽薪，語出北魏的《爲侯景叛移梁朝文》：「抽薪止沸，剪草除根。」《呂氏春秋》也說：「故以湯止沸，沸乃不止，誠知其本，則去火而已矣。」這個比喻很淺顯，道理卻說得十分清楚。水燒開了，再加水進去是不能讓水溫降下來的，根本的辦法是把火滅掉，水溫自然就降下來了。

此計用於軍事，是指對強敵不可靠正面作戰取勝，而應該避其鋒芒，找出要害，削減敵人的氣勢，再乘機取勝。

《孫子兵法．九地篇》說：「先奪其所愛，則聽矣；兵之情主速，乘人之不及，由不虞之道，攻其所不戒也。」

發動戰爭之時，先攻擊敵人要害之處，那樣敵人必然會隨著我方的步調起舞。要走敵軍意料不到的道路，攻擊敵軍不加防備的地方。

很多時候，一些影響全域的關鍵點，恰恰是對方的弱點，所以要準確判斷，抓住時機，攻其弱點。

# 以硬碰硬，讓對手屈服於壓力

「釜底抽薪」之計，在情況危急時使出狠招，以硬碰硬，對對方施加壓力，迫使對方不得不做出讓步。

大家都聽過「和氣生財」這句話，只不過，有些人卻必須適時給點顏色瞧瞧。委曲求全或許是人與人和平相處的一種手段，卻不一定適用於商場，很多時候，步步退讓的結果必定遭到對手步步牽制。當情況危急且對方態度強硬時，不妨來一招「釜底抽薪」，讓對方同樣感受到緊迫壓力，從而向後退一步，做出讓步。

幾年前，中國準備與突尼西亞的STAP公司合作建立化肥廠，經過幾次會談之後，雙方敲定設在秦皇島港口附近，某處條件相當優越的土地。

同年年底，科威特表明參與意願，也加入了籌建化肥廠的專案。第一次進行三方談判，科威特石油化學工業公司董事長應邀出席。誰知，他相當武斷且不客氣地向在場其他人表示：「你們以前所做的工作都沒用，方向也根本不對，一定要依我們的計劃從頭開始。」

此言一出，中國與突尼西亞代表都愣在當場，不敢置信。

在此之前，光是爲了完成評估研究報告，雙方就動員了十多名專家，大手筆耗資二十多萬美元，費時三個月才完成，現在該董事長卻全盤否定，顯然沒有道理。

然而，卻沒有人敢提出駁斥，因爲這位董事長的威望相當高，不僅在科威特的地位數一數二，還是國際化肥工業組織的主席。

會場頓時陷入沉默，大家都不敢開口。短暫僵持後，中國方面一位參與會談的地方市長猛然站起身，大聲地說：「爲了興建化肥廠，我們地方政府選定了一處靠近港口、環境優越的土地，爲了表示對這個計劃的尊重，我們也陸續拒絕了其他許多企業所提出對土地使用權的申請……」

市長看了該名董事長一眼，繼續說道：「不過，按照董事長今天的提議，事情恐怕還要再拖延下去。那麼，很抱歉，我們會把土地讓給眞正有心投資發展的企業。

因爲還有許多要事必須處理，我先行退席了，抱歉！」

話一說完，他頭也不回，轉身就走。不到半小時，一位處長急急忙忙跑來，與高采烈地對市長說：「市長，你這一炮放得眞妙，情勢果然整個轉變過來。那位科威特董事長說，快請市長回來，這計劃就選定在秦皇島吧！」

這位市長當時眞的發怒了嗎？答案當然是否定的，一切反應只是他爲了突破僵局所發揮的臨場創意。

在商場上，一味地委曲求全未必能發揮效用。這位市長所採用的計謀，正是「釜底抽薪」之計，在情況危急時使出狠招，以硬碰硬，對對方施加壓力，迫使對方不得不做出讓步。

商戰筆記

- 當情況危急且對方態度強硬時，不妨來一招「釜底抽薪」，讓對方同樣感受到緊迫壓力，迫使做出讓步。

# 從不利局勢中奪取勝利

憑藉自己的智慧與經驗，嫻熟地運用「釜底抽薪」之術，便可能戰勝比自己更強大的對手，獲取勝利。

一九六一年，哈默石油公司在奧克西鑽出了加州第二大天然氣田，價値約達兩億美元。幾個月後，又再下一城，於附近的布倫特伍德鑽出另一個蘊藏量十分豐富的天然氣田。

兩次成功使哈默石油公司無論在資產、規模方面都壯大起來。但儘管如此，與實力雄厚的大石油公司相比，仍有一大段距離。

也正因如此，當哈默興沖沖地親自前往太平洋煤氣與電力公司，提出要求簽訂爲期二十年的天然氣出售合約時，卻碰了一鼻子灰。

太平洋煤氣與電力公司根本不在意這個剛崛起的石油公司，只用三言兩語就打發了哈默。

他們對哈默說：「對不起，我們不需要哈默的天然氣，因爲我們公司打算興建一條從加拿大艾伯格延伸至舊金山港區的管道，如此一來，大量的天然氣將可從加拿大直接輸運至美國。」

這無異於當頭澆了哈默一盆冷水，但他很快就從難堪與失望中鎮定下來，憑藉多年累積的經驗，想出一條「釜底抽薪」的錦囊妙計。

走出太平洋煤氣與電力公司，哈默立刻驅車趕往洛杉磯。

抵達洛杉磯之後，他前往市議會拜訪，繪聲繪影地向議員們描述自己的遠大構想：修築一條直達洛杉磯的天然氣管道，如此一來，他將以比太平洋煤氣與電力公司更低廉的價格，供應洛杉磯全市所需的天然氣。此外，由於距離較短，修建管道的工程進度也將比其他公司更快，對洛杉磯來說百利而無一害。

這番話說得懇切動聽、合情合理，所勾勒的遠景也相當美好，洛杉磯市議會的議員們當即同意了他的提案。

這場戰鬥中，哈默便是因爲憑藉自己的智慧與經驗，嫻熟地運用「釜底抽薪」之術，方能戰勝比自己更強大的對手，最後獲得勝利。

有完善的謀劃，輔以創意發揮，即便自身實力尚不夠堅強，仍有可能以迂迴方式從對手手中奪得勝利。

## 商戰筆記

- 如果敵方太強大，不妨避開正面交戰，轉個彎，在對方看不到的角落瞄準要害出擊，使出「釜底抽薪」之計，動搖對方的根本。

# 妄想一網打盡，不如專攻主要客群

無論何種性質的企業或產品，必定都有鎖定的目標消費客群，面對組成複雜的社會大眾時，不能盲目轟炸，妄想一網打盡。

洗衣服的關鍵在領子，爲什麼呢？因爲，領口總是最髒的地方。要抓雞，首先一定得先把翅膀抓住，爲什麼？因爲，翅膀是活動最敏銳的部位。做一件事情之前，一定要先釐清重點與目的在哪裡。同樣的道理，也可以延伸應用在瞬息萬變的商場上。

日本戰略管理學者大前研一認爲：「因為資金、人力和時間相當珍貴，因此，應把有限資源集中在能讓企業獲得成功的關鍵領域。身為管理者，如果你能確切地

找出所經營企業的長處，並將資源做充分且正確的調配，就可能使自己處於真正具競爭力的優勢地位。」

無論何種性質的企業或產品，必定都有鎖定的目標消費客群，所以面對組成複雜的社會大眾時，不能盲目轟炸，妄想一網打盡，應該在分析清楚目標特性後，尋找有利的契機，集中資源優勢，努力向目標發起攻勢，馬上搶佔消費者的心。

以下，是兩個因爲「目標鎖定得當」而獲致成功的例子。

某家食品廠，在新產品「太陽牌鍋巴」上市後，進行一連串市場調查，很快分析出它的目標消費客群是孩童、年輕到中年的女性。這兩大族群正好有一個共通點，就是喜歡看電視。

釐清消費者特性後，食品廠撤下原本預定的其他媒體廣告，把所有預算都投注在電視上。這種集中火力的策略達到預期效果，使「太陽牌鍋巴」取得了成功。

又如美國一家電腦公司看準了主力消費族群——學生好勝、富創造力的特點，以廣告傳遞方式發起「成爲發明大師」軟體設計競賽，獎品則爲價值達六千美元的套裝軟體。

這個方法果真迅速提高了公司及產品知名度，銷售量也大幅成長。

許多經營者都有「見樹不見林」的毛病，往往費了很多力氣，卻把握不住事物的核心，來回地繞圈子，把自己和別人都搞得精疲力盡，卻仍然找不到重點。

那麼，究竟該如何找出事物的核心、抓住關鍵呢？

第一步，就是先確定自己的目標在哪裡。

商戰筆記

・商場情勢瞬息萬變，不要做無謂浪費，所有的投入都應該確實花在刀口上。

・無論做什麼事情，第一步都必須確定自己的目標，想成為頂尖的商人，應先確定自己的目標客群需要什麼、分佈在哪個階層。

# 抓得住人才，才有更亮麗的未來

人才是一個企業能夠憑藉以長久經營、不斷戰勝挑戰、推陳出新的根本。抓得住人才，企業才會有更亮麗的未來。

商業競爭，從另一種角度來說，也等同於「人才競爭」，因爲激發創意的是人才，執行創意的也是人才，所以商戰往往會表現在對人才的爭奪上。

沒有人是全能的，身爲一個成功經營者，必須懂得廣納各方人才，讓他們發揮專長，成爲自己的最大助力。

美國是一個科學技術高度發達的國家，十分重視人才的引進。二次世界大戰之後，共計從世界各地引進高級科學家、工程師、醫生……高達二十四萬人。他們認爲，引進人才不僅是無本萬利的買賣，還是商戰中的釜底抽薪之計，對自身百利而無一害。

最經典的例子是，曾經有一位瑞士研究生成功研製出電子筆和完整輔助設備，可用來修正遙感衛星拍攝的紅外線照片，這項重大發明一問世，立刻引起注目。

美國一家大企業聞訊後，馬上派人找到那位研究生，以優厚待遇爲條件，遊說他到美國去工作。

但是，與此同時，歐洲鄰近國家的一些公司也千方百計地要留住他，於是雙方拚命開出條件，展開一場激烈的人才爭奪戰。

最後，精明大膽的美國代表說：「這樣吧，現在我不開條件了，等你跟其他人談好之後，把薪資乘以五，那數字就是我方願意提供的待遇。」

感受到美國大企業強烈的積極與誠意，這位瑞士研究生最後自然選擇了前往美國發展。

商戰涵蓋領域之大、範圍之廣，其實超乎一般人想像，不僅要爭奪金錢、物資，也要爭奪能人爲己所用。因爲，人才是一個企業能夠憑藉以長久經營、不斷戰勝挑戰、推陳出新的根本。

抓得住人才，企業才會有更亮麗的未來。若是能從競爭對手陣營挖取人才，更能達到釜底抽薪的效果，既能增強本身的實力，又能削弱對手的競爭力。

## 商戰筆記

- 沒有人是全能的，想成為一個成功經營者，必須懂得廣納各方人才，讓他們發揮專長，成為自己的最大助力。
- 吸納優秀人才，方能不斷推陳出新，對於戰勝競爭對手而言，也是有效的釜底抽薪之計。

# 優勢來自有效的攻勢

集各家優點於一身，再搭配強大的、正確的廣告攻勢，自然能一炮打響名聲，一舉成名。

想要商品賣得好，千萬別輕忽了廣告的重要。

想要進佔市場，首先一定要了解市場。因爲沒有充分的了解，就不可能知道該從什麼地方下手，不可能知道消費者究竟需要什麼。

優異的產品品質與出色的廣告，兩者若能相輔相成，將是奪得市場、贏得消費者喜好的最大優勢。

一九九一年年末，中國北京電視台以每天八次的高頻率，連續多日播出同一則

廣告。這則速食麵廣告的內容是這樣的：以大紅燈籠爲背景的畫面中，出現琳瑯滿目的碗裝、袋裝速食麵，同時一個清脆的童聲喊著：「康師傅速食麵，有什麼在裡邊？哇！眞的有蔬菜還有肉醬！麵條夠勁道！康師傅速食麵，好吃看得見。」

儘管北京當地居民早就對各種名稱五花八門、味道卻單調乏味的速食麵失去興趣，還是深深爲廣告吸引。很快，大街小巷便開始盛傳康師傅速食麵味道果眞不同一般，商店裡，隨處可見指名要購買康師傅速食麵的顧客，甚至連學生都不想帶便當了，寧願以速食麵當午餐。

試賣的一萬箱康師傅速食麵被搶購一空，廠方派出車隊每日源源不斷地將貨運進北京，仍然供不應求，盛況前所未有。

一上市就能如此火速地佔領北京市場，並且大有繼續蔓延之勢，深入探究康師傅獲得的成功，除了廣告出色，還有什麼原因呢？

主要原因在於康師傅速食麵的生產廠商，來自台灣的頂新國際集團公司有效採用「釜底抽薪」之計，集各方之長，棄各方之短，成功地開拓出競爭風險小、消費潛力大的大陸北方食品市場。

速食麵引進市場之初，曾經引起一陣轟動，僅北京鄰近地區就有十幾家生產廠商，然而好景不常，經歷了最初的輝煌之後，很快便開始走下坡，出現了滯銷、飽和等狀況。

究其原因，在於低價產品品質不好，口味不佳，一旦熱潮過去，消費者便提不起興趣。至於品質較佳的進口速食麵，則價格偏高不少。

事實上，中國各地對於速食麵的消費潛在需求相當大，但絕大多數生產者只顧在低價位或高價位兩種選擇上埋頭廝殺，忽略了最貼近消費者心理的空檔——中價位速食麵。這個空檔被精明的頂新集團看出，一九九一年在天津經濟技術開發區投資八百萬美元，創建獨資企業，填補了中國大陸速食麵市場的一大空白。

頂新集團還根據市場實際狀況，擬定一系列對策。

首先從口味下功夫，推出大眾所熟悉的紅燒牛肉和在台灣家喻戶曉的擔仔麵兩大系列。爲了使產品能符合北方人口味，上市前特地挑選京津一帶的工廠、學校、機關，分送樣品請人試吃，同時進行市場調查，統合意見對調料配比進行增減，以符合大眾口味。

注重口味的同時，對品質也嚴格把關。頂新國際集團定下的標準是：「務使每份出廠產品都達到預定水準，即使處於供不應求情況仍堅持不懈。」

此外，他們為產品設計出極富人情味的形象，名叫「康師傅」，矮矮胖胖且憨態可掬，圓圓的腦袋上戴著高高的帽子，兩隻大眼睛一眨一眨，相當討喜。

最重要的，仔細分析、研究市場上速食麵的銷售狀況與消費者的購買習慣後，制定出一套「高品質低價格」的銷售策略——遠勝於原有低價速食麵的水準，價錢卻僅有進口貨的一半，物美價廉，正切合消費者需求。

頂新集團集各家優點於一身，再搭配強大的、正確的廣告攻勢，自然一炮打響康師傅速食麵的名聲，一舉成名。

商戰筆記

- 想要進佔市場，首先一定要了解市場。因為沒有充分的了解，就不可能知道該從什麼地方下手，不可能知道消費者究竟需要什麼。
- 優異的產品品質與出色的廣告，兩者若能相輔相成，將是奪得市場、贏得消費者喜好的最大優勢。

# 第20計
# 渾水摸魚

【原文】

乘其陰亂，利其弱而無主。隨，以向晦入宴息。

【注釋】

乘其陰亂：陰，內部。意思是，乘敵人內部發生混亂。

隨，以向晦人宴息：語出《易經．隨卦》。隨卦，上卦爲兌爲澤，下卦爲震爲雷。雷入澤中，大地寒凝，萬物蟄伏，故卦象名「隨」。隨，順從之意。《隨卦》的卦辭說：「澤中有雷，隨。君子以向晦入宴息。」意思是說，人要隨應天時去作息，向晚就當入室休息。本計運用這一象理，強調打仗時要善於抓住敵方的可乘之隙，隨機行事，亂中取利。

【譯文】

趁敵人內部混亂之際，利用其心志動搖而無主見的時機，迫使敵人順從我方的意思。人要順應天時，就像到了夜晚一定要入室休息一樣。

【計名探源】

渾水摸魚，原意是攪渾池水，在混濁的水中，魚兒辨不清方向，如果乘機下手，就可將魚兒抓到。此計用於軍事，指當敵人混亂無主時乘機出擊，奪取勝利。

戰爭中，實力較弱的一方經常會動搖不定，這就給對方可乘之機。更多的時候，這個可乘之機不能消極等待，應該主動去製造。

唐朝開元年間，契丹叛亂，多次侵犯唐朝。朝廷派張守圭爲幽州節度使，平定契丹之亂。契丹大將可突汗幾次攻打幽州，都未如願。他想探聽唐軍虛實，派使者到幽州，假意表示願重新歸順朝廷，永不進犯。

張守圭知道契丹勢氣正旺盛，主動求和必定有詐，便將計就計，客氣地接待了來使。隔一天，他派王悔代表朝廷到可突汗營中宣撫，並命王悔一定要探明契丹內部的底細。

王悔在契丹營中受到熱情接待，在招待酒宴上仔細觀察契丹衆將的一舉一動。不久，他便發現，契丹衆將對契丹王的態度並不一致，又從一個小兵口中探聽到分掌兵權的李過折一向與可突汗不和，兩人貌合神離，互不服氣。

王悔特意去拜訪李過折，裝做不瞭解他和可突汗之間的矛盾，當著他的面，假意大肆誇獎可突汗的才幹。李過折聽罷，怒火中燒，說可突汗主張反唐，使契丹陷於戰亂，人民十分怨恨。並告訴王悔，契丹這次求和完全是假的，可突汗已向突厥借兵，不日就要攻打幽州。

王悔乘機勸李過折說，唐軍勢力強大，可突汗肯定失敗，他如脫離可突汗，建功立業，朝廷保證一定會重用他。李過折果然心動，表示願意歸順朝廷。王悔任務完成，立即辭別契丹王返回幽州。

第二天晚上，李過折率領本部人馬，突襲可突汗的中軍大帳。可突汗毫無防備，被李過折斬於營中，契丹營大亂。忠於可突汗的大將蹁禮召集人馬，與李過折展開激戰，殺了李過折。張守圭探得消息，立即親率人馬趕來接應李過折的部隊，乘機大破契丹軍。

# 藉「渾水摸魚」達成自己的目的

無論面對何種狀況，即便是自己熟知的領域，都要保持頭腦清醒，避免被表象或詭計迷惑，蒙受損失。

想要成爲商場強者，必須充滿創意，不畏艱難挫折，堅定向目標挺進。無論性格的強化、心境的調整、能力的提升、經驗的累積、人脈的增長、競爭優勢的確立……都是成功必備的要素。

除此之外，更必須講究商業手段，以及具備應有的敏銳度。

在自己不熟悉的領域發展，必須較一般狀況更提高警覺，因爲對手可能會故意「弄渾了水」，神不知鬼不覺地從你身邊「摸魚」。

某家國營企業打算從美國進口一套自動化生產設備，但在向美方廠商詢價、交涉時，卻碰上了困難。

原來，美方看準了對方沒有經驗，故意提供一份「過於詳細」的報價單。在這份長長的報價單中，他們刻意把設備主機、分機、配件、附件、安裝調試、實習、運費、包裝費……等一一以單項列出。而且，爲了增加開列的專案名目，他們甚至連主機上的主要零件也分開單獨計價，最後完成一份厚達數十頁密密麻麻的報價單。

對美方來說，這樣做究竟可以達到什麼好處呢？

道理很簡單，利用虛虛實實、眞眞假假的手段，美方得以暗中將每個項目的售價往上提高。儘管每個單項加價數目不大，不易引起注意，但總和之後便是一個非常驚人的數字。

另外，美方還在報價單中混進一些根本不需要的備件及易損配件，試圖多推銷多得利。

說穿了，美國廠商採用的就是「渾水摸魚」計謀，故意把報價單列得細密繁瑣，使不知詳情的中方代表眼花撩亂，達到暗中抬價獲利的目的。

這種情形在爾虞我詐的商場並不少見，無論處於任何場合，面對何種狀況，即便是自己熟知的領域，都要保持頭腦清醒，才能有效避免被表象或詭計迷惑，不致上當受騙，蒙受損失。

## 商戰筆記

- 無論於任何場合，面對何種狀況，接收到什麼訊息，都必須保持頭腦清醒、周密思慮，才不會掉入圈套。
- 在自己不熟悉的領域發展，更必須提高警覺，慎防對手故意「弄渾了水」，神不知鬼不覺地從你身邊「摸魚」。

# 打破市場平衡，趁亂分一杯羹

獲利最多者，往往是獨具慧眼、手腕靈活的經營者，因為他們懂得藉製造混亂來打破本有平衡，藉機打入市場，分一杯羹。

金星鋼筆廠是中國最大的鋼筆廠，所出產的「金星牌」鋼筆，無論品質、賣相皆屬上乘。但在初創之時，一般消費者都以購買「船來品」爲時髦象徵，對名不見經傳的國產鋼筆完全不感興趣。

當時，上海的四大公司——中華書局、大新書局、商務印書館、永安公司主要均銷售外國鋼筆，金星鋼筆廠若要打開產品銷路，首要必定得打進四大公司，尤其是永安公司。

當時，永安一向以選貨嚴格、服務周到在消費者中享有盛譽，營業額居四大公

司之首。凡是國產文具商品，無不以能夠在永安公司銷售爲榮，彷彿一躍上「永安」龍門，商品就成了「精品」，地位頓時翻個兩翻，與過往不可同日而語。

爲了成功地在永安公司佔有一席之地，金星鋼筆廠創始人周子柏可說費盡苦心，制定了一連串計劃。

首先，他動員所有親朋好友，三不五時便前往永安公司詢問：「有沒有賣金星牌鋼筆呢？」「金星鋼筆還有沒有貨啊？這個牌子實在很好用呢！」

這個招數果然見效，永安公司高層總算開始注意到國產的金星牌鋼筆，同意引進少量進行試賣。

眼見機不可失，周子柏緊接著自掏腰包，拜託親朋好友前往購買，以製造銷售假象來進一步喚起永安公司的注意。

也由於金星鋼筆本身品質確實具備一定水準，逐漸地，開始有了眞正的購買者，最終站穩腳步，從永安公司的試銷商品轉而成爲「長銷商品」。

金星鋼筆能夠成功打入原先不利於國產商品的市場，進而暢銷，說穿了全靠周子柏善出奇謀，採用「渾水摸魚」計謀——先把水攪渾，打亂市場並製造假象，藉以乘機提高銷售量。

市場就像一個大水池，衆多經營者都想從中「捉魚」回去，但並非每個人都能如願以償，獲利最多者，往往是那些獨具慧眼、手腕靈活的經營者。

爲什麼呢？道理很簡單，因爲他們懂得藉製造混亂來打破本有平衡，藉機打入市場，從中分一杯羹。

商戰筆記

- 為了打入市場，必要之時，不妨製造一些假象，蒙蔽對手與消費者的眼睛，藉以提高銷售量。
- 趨於平衡穩定的市場沒有太大發展空間，因此對意欲加入戰局的後起之秀來說，大膽地打破平衡才是打入市場的有效方式。

# 把注意力放在投資效益

想提升業績，投資必不可少，因此與其斤斤計較於金額多少，倒不如將注意力放在預算規劃以及回收效益的評估、規劃上。

一九八四年，負責承辦第二十三屆奧運會的美國洛杉磯市面臨了危機，所需要的開支沒有在預定時間內到位，而且籌款門路看似都被堵死，希望渺茫。為此，市議會做出決定，拒絕承辦奧運會。

此時，尤伯羅斯接到洛杉磯奧運會籌備組通知，被推舉為第二十三屆奧運會的主辦人。接受任務後，他以一千零四十萬美元的價格賣掉原先擁有的「第一旅遊公司」，前往洛杉磯向奧運組委會報到。

走馬上任第一天，迎接他的只有一間空蕩蕩的辦公室，裡面連一張桌子都沒有，更不要說職員或者資金了。但是，尤伯羅斯完全不把眼前這些困難當回事，明確地公開宣佈，該屆奧運會完全「商辦」，組委會是獨立於美國各級政府之外的「私人公司」。

接著，他自掏腰包拿出一百美元，在銀行為奧運會開了個戶頭，開始設法籌集資金。第一步，就從電視實況轉播權利金著手。他將電視轉播權賣給美國廣播公司，籌集到二．八億美元。

為了讓贊助者出更多的錢，尤伯羅斯把第二個目標轉向各大贊助企業。一九八〇年，「百事可樂」因為贊助冬季奧運會而大出鋒頭，此後銷售額連年上升。身為勁敵的「可口可樂」自然不甘示弱，不願放過此次良機。尤伯羅斯抓準了「可口可樂」的競爭心理，不斷進行遊說，成功地將贊助金額提升到一千兩百六十萬美元。

同樣的競爭情況，也在其他大企業之間上演。

美國的柯達和日本的富士同為世界規模最大、最具影響力的兩家軟片生產製造公司，面對奧運盛會的態度卻大不相同。

柯達自恃是「世界最大」的軟片公司，大擺架子，奧運組委會多次派人登門聯

繫，他們卻在贊助費上竭力還價，甚至表示根本不會有任何軟片公司願出四百萬美元贊助費。議價拖延了半年時間，雙方仍無法達成任何共識或協定。

趁著雙方僵持不下的良機，日本富士公司乘虛而入，開出七百萬美元高價，一舉取得軟片供應與廣告權。

消息傳開，柯達公司後悔莫及，只好在撤了廣告部主任的職位之後，花一千萬美元買下ABC電視台在奧運會期間的廣告時段，企圖封鎖富士公司可能在奧運會期間推出的電視廣告，作爲補救。

儘管如此，富士軟片還是成功透過贊助，打入了美國市場，並且贏得數千萬美元厚利。

這則故事中，有兩個最大成功者，一是奧運會主辦人尤伯羅斯，他因爲懂得變通，且善於揣摩、貼合贊助商的心思，因而得以走出經費不足的困境，將一屆原先不被看好的奧運辦得有聲有色。

第二個成功者，毫無疑問是藉贊助機會成功打入新市場的富士軟片公司。

想要振興、提升企業知名度與業績，投資必不可少，與其斤斤計較於耗費金額多少，倒不如換個方向，將注意力放在預算規劃以及回收效益的評估、規劃等方面上。

商戰筆記

- 對任何一個企業，都必須爭取在消費者眼前頻繁亮相的機會，因為知名度越高、留下的印象越深，成功奪下市場的機會就越大。
- 做決定之前，必須以審慎眼光由長遠角度考量。關鍵不在於現在必須支出多少，而在於未來的收益究竟能有多少。

# 與眾不同就能領先群雄

能夠別出心裁，充分利用各種市場訊息，發展出獨特的戰略，進而將產品打入國內、國際市場，就有成功的希望。

不論是個人或是公司，只有和別人不同，才會有更寬闊的出路。作爲創業者更應該明白，所謂的市場良機其實是無所不在的。

能夠將眼光放得更長遠，就能發現市場上的「新大陸」。

印尼富豪林紹良曾被列入世界前十二大銀行家之一，擁有銀行、保險、財務、工業、運輸、貿易等各類企業。然而眾所不知的是，在發跡之前，他只不過是一個油店的小夥計。

一九四五年日本投降之後，荷蘭殖民政權在印尼捲土重來，戰火一開，最重要的補給品當然就是軍火與藥品。

林紹良見狀，毅然離開叔父的油店，籌集一筆資金，做起軍火買賣，大力支持印尼軍隊。由於機敏、勇敢且堅毅，使他受到後來印尼總理蘇哈托賞識。許多商人不敢經營軍火的時候，林紹良卻以慧眼洞察，發現這是一本萬利的大買賣，立刻抓住時機投入，造就了林氏金融王國。

即便是他人已有的產品，若能在品質上精進，同樣可以開創商機。

日本人安藤百福常見到許多人擠在麵店外頭排隊等著吃麵，心想把時間耗費在排隊上面太浪費了，如果能縮短時間，有機可圖。

當時，日本對美國採取擴大小麥進口的方針，政府爲了增加麵粉的使用量，也採取了具體的配套措施。安藤百福直覺地想到，是否能夠開發一種由工廠批發生產，可保存長久的麵條？

經過不斷嘗試，安藤百福成功研發並售出自己發明的麵條，這就是我們熟知的速食麵。

安藤百福的成功，就在於用敏銳的商業嗅覺，嗅到了未來的商機，並且牢牢把它抓住，發揮得淋漓盡致。

英國華伯斯服飾公司以製作領帶而聞名，曾經一度陷入困境。由於當時生產領帶的廠商已經趨近於飽和，競爭非常激烈。經營狀況不理想，要倒閉，還是轉業？公司創始人華伯斯開始了痛苦的思索。

突然，他猛地想起一位伯爵曾對自己說過，貴族階層對市場上販售的領帶頗有微詞，覺得不足以顯示身分的華貴。

華伯斯當下決定朝著這個方向走，精心製作了一批適合上流社會人士佩帶的高品質領帶，想不到眞的爲華伯斯帶來了大量的訂單。

綜觀搶得商機的方法，可歸納爲以下三點：

- 快速獲得經濟資訊，儘早窺見市場趨勢。
- 善於運籌，巧用市場機會。
- 創造條件，把市場機會轉化為公司機會。

唯有綜合以上三點，當商場上一片混亂的時候，能夠別出心裁，抓準商機，充分利用各種市場訊息，發展出獨特的戰略，才能將公司的產品打入國內、國際市場，得到成功的希望。

## 商戰筆記

- 開創商機的方法有很多，可以根據市場趨勢開發全新商品，也可以努力將已有商品的品質提高。
- 注意市場現狀，隨時針對「缺口」出擊，往往能獲取勝利。

# 看出不為人知的商機

人的需求是無限又多變的，誰能在人棄之處發現商機，迅速推出合乎消費者需求的產品，就能夠獨步市場，搶得先機。

香港富豪李嘉誠原先是「塑膠大王」，早年投資做塑膠花生意獲得了極大的成功，在歐亞地區佔領了廣大的市場。然而成功獲利並沒有沖昏李嘉誠的頭腦，他冷靜地進行分析，研判未來可能的發展趨勢。

首先，歐洲商人發現塑膠花市場有利可圖，必定會全力介入，那麼歐洲地區生意很可能會被切斷。

再者，隨著人們生活水準的提高，鮮花必定將逐漸取代塑膠花。

於是，李嘉誠決定轉移戰場，逐步退出塑膠花市場，投資前景看好的房地產生意。果然，當鮮花佔領市場同時，李嘉誠已在地產界穩穩地立定了腳跟。

二十世紀八〇年代初期，美國食品研究機構把黃豆列爲健康食品，吃黃豆製品的風氣便很快就在美國流行，跟隨這股潮流，對豆類製品加工機械的需求也日益增長。然而，美國機械製造業早已專注於尖端科技產品，沒有廠商還在生產這類簡單的加工機械。

此時，台灣機械製造廠商慧眼瞄準這塊「荒地」，迅速開發生產出豆類製品加工機械，果然抓住了太平洋彼岸的商機，搶佔了美國市場。

中國的傳統藥品「藿香正氣丸」，以價格低、療效好，深受海外消費者歡迎。但這項藥品利潤頗低，大型製藥廠紛紛轉向高技術、高附加値新藥品的開發生產，很少繼續生產。

此時，有藥廠看出可乘之機，運用新技術、新工藝加大了「藿香正氣丸」的生產力度，使它的品質更上一層樓，成爲低檔藥品中的佼佼者，重新走俏東南亞各國以及台港澳地區。

人的需求是無限又多變的，許多企業看待消費者的需求往往帶有盲目性和侷限性，因而誤棄了原本可能具有市場潛力的產品。事實證明，誰能在人棄之處發現商機，迅速推出合乎消費者需求的產品，就能夠獨步市場，搶得先機。

「人棄我取，人取我予」，自古以來就被奉爲經商圭臬。那些總是一窩蜂追逐潮流的企業們應該謹記，與其在「人爭」之處「遲人一步」，不如在「人棄」之外「領先一步」。

## 商戰筆記

- 想要搶得商機，就必須快速獲得最新資訊，儘早窺見市場趨勢。
- 當其他人都陷入盲目的商場混戰時，若能找出另一種發展方向，就能搶先一步引起消費者的注意，進一步獲得商業利益。

# 第21計 金蟬脫殼

【原文】

存其形，完其勢；友不疑，敵不動。巽而止，蠱。

【注釋】

存其形，完其勢：保存陣地已有的戰鬥陣容，完備繼續戰鬥的各種態勢。

巽而止，蠱：語出《易經・蠱卦》。蠱卦，巽下艮上，艮爲山、爲剛，爲陽卦；巽爲風、爲柔，爲陰卦。故「蠱」的卦象是「剛上柔下」，意即高山沉靜，風行於山下，事可順當。又，艮在上，爲靜；巽爲下，爲謙遜，故又是「謙虛沉靜」、「弘大通泰」，是天下大治之象。此計之意是暗中謹愼地實行主力轉移，穩住敵人，乘敵不驚疑之際，脫離險境。

【譯文】

保留陣地原有外形，保持原有氣勢，使友軍不懷疑，敵人不敢輕舉妄動。我方則秘密轉移主力，打擊別處的敵人。

**【計名探源】**

金蟬脫殼的本意是，寒蟬在蛻變時，本體脫離皮殼而走，只留下蟬蛻還掛在枝頭。此計用於軍事，是指通過偽裝擺脫敵人，撤退或轉移，以達到自己的目的。運用此計時，要先穩住對方，然後悄悄撤移，絕不是驚慌失措狼狽逃跑，如此才能保存實力，使自己脫離險境。

用此計迷惑敵人，還可用巧妙分兵轉移的機會，出擊另一部分敵人。

《孫子兵法．九地篇》說：「先奪其所愛，則聽矣；兵之情主速，乘人之不及，由不虞之道，攻其所不戒也。」

發動戰爭之時，先攻擊敵人要害之處，那樣敵人必然會隨著我方的步調起舞。要走敵軍意料不到的道路，攻擊敵軍不加防備的地方。

# 以退為進，迂迴攻擊求取勝利

「金蟬脫殼」不是放棄，而是在遭遇困難時換個角度展開迂迴攻擊，換一種間接方式奪取勝利。

「金蟬脫殼」是商場慣用的計謀，一般用來擺脫敵人、轉移或撤退，完成特殊任務的分身之法。

運用此計，關鍵在於「脫」，務求做到內容雖變但形式尚存，已走卻似未動，如此才能蒙蔽敵人，有效轉移注意力，於對手不知不覺間抽身離去。

香港富商李嘉誠在與怡和洋行較量的商戰中，就成功地運用了這個計策，奠立了成爲華人首富的基礎。

李嘉誠崛起於一九七〇年代，嶄露頭角後，野心勃勃的他爲了稱霸商場，幾乎將每個上市公司的股市行情都分析得無比透徹，再加上特有的「挖牆角」功力，得到了不少珍貴的情報。

認眞挖掘之下，果然讓他獲得了一項有利資訊——香港規模最大的英資怡和洋行，雖是九龍倉股份有限公司的大東家，但實際所佔股份還不到二十%，簡直少得不成比例。

這項資訊說明了怡和在九龍倉的基礎相當薄弱。

一心想擴張事業的李嘉誠大爲心動，立刻將目標瞄準了九龍倉。

尖沙咀是香港的繁華商業區，座落一旁的九龍倉實際地價自然可以「寸土千金」形容，但九龍倉的股票價格卻多年未動，低得不可思議。這對李嘉誠來說，無疑是爭奪股份的有利條件。

越能早日購足五十%的股票，取代怡和成爲大東家，就越能及早規劃利用九龍倉的土地發展房地產，堪稱一本萬利。

李嘉誠當即決定分散吸進九龍倉股票，從一九七七年起，悄悄地以不同戶名，購進約十八%的股份。

由於李嘉誠大量吸進股票，使九龍倉股價由十港元飛速上漲至三十餘元，很快引起怡和洋行的警覺。兩軍對壘，李嘉誠實力弱於怡和洋行，若是繼續收購股票硬拚，必定難以取勝。

斟酌情況後，他決定以退爲進，採用金蟬脫殼之計，尋找一個「代打者」，替自己出面與怡和作戰。

一九七八年九月的某一天，在中環文華閣的高級包廂裡，出現兩位身穿中式服裝的生意人，進行了一次短暫且神秘的會晤。時間雖只有二十分鐘，卻決定了一場價值二十億美元的關鍵性交易。

這兩人，一位是地產商李嘉誠，另一方則是有名的「船王」包玉剛。李嘉誠將兩千萬張股票全部轉賣給包玉剛，包玉剛則幫他透過匯豐銀行承購英資和記黃埔股票九千萬張，兩人皆大歡喜，同樣達到自己的目的。

與此同時，怡和卻誤判情勢，以爲李嘉誠已經決定收手，因而鬆懈下來，導致最後失掉九龍倉，經營權被「船王」包玉剛奪去。

「金蟬脫殼」之計不是放棄，而是在遭遇困難時換個角度展開迂迴攻擊，換一種間接方式奪取勝利。

## 商戰筆記

- 在商場上打滾，多一個敵人不如多一個朋友。人脈越廣，策略結盟的機會越多，往往越方便達成自己的目的。
- 遭遇困難，放棄之前，不妨嘗試以不同的思維重新衡量情勢，換個方式迂迴前進，同樣可以求取勝利。

# 用假象掩飾自己的動向

「金蟬脫殼」的高明之處，在於擺脫困境同時也製造出假象，表面看似無所為，卻暗地裡發掘新需求，開發新產品。

存其形，完其勢，這正是「金蟬脫殼」之計的巧妙運用。

一次成功的轉型出擊，讓波音公司走出了單一生產引發的經營危機，以「金蟬脫殼」之計重新找到可供發展的契機。

一九一六年七月一日，家住美國西雅圖的威廉．波音與朋友韋斯特．維爾特合夥，創辦了一家小型水上飛機工廠，取名爲「太平洋航空公司」。成立後第二年，成功製造出第一架飛機，並更名爲「波音公司」。

波音公司主要生產民用和軍用飛機、直升機、導彈、航太裝備，並提供零件販售與維修服務等，同時跨足經營電腦科技業。最初全公司上下不過幾十人，一路發展至今，已擁有員工十數萬人。

一百多年來，波音公司在世界航空業中一直居於領先地位，之所以能取得如此傲人成就，最大法寶就在於不斷推出新產品、研發應用新技術，牢牢把握住市場眞正的需求動向。

早在一九三〇年代，波音公司就率先推出「飛剪號」民航機，獲得一致好評。第二次世界大戰期間，又製造出被稱爲「空中堡壘」的B17、B29大型轟炸機，爲盟軍的勝利做出重大貢獻。

然而好景不常，二次世界大戰一結束，美國軍方取消了尙未交貨的全部訂單，使全美飛機製造業陷入癱瘓狀態。儘管曾在戰時提供強而有力的支援，但處在訂貨遭撤銷的不利情況，波音公司也和其他飛機製造廠商一樣，陷入艱困的周轉與營運危機中。

威廉．波音並未被眼前困難嚇倒，而是進行深刻的檢討、反思。他認爲，眼前困境雖然是由外在形勢造成，公司本身也有不可推卸的責任，因爲以往過分依賴軍方訂單，導致產品單一化，沒有及時考慮到萬一有一天戰爭停止，該轉往什麼方向發展。

釐清問題關鍵之後，威廉·波音果斷地調整了公司的經營方向，擬定新目標並採取相應措施。

波音公司一方面繼續與軍方保持密切聯繫，隨時瞭解軍用飛機發展的趨勢，以便及時滿足需求，避免其他飛機製造商乘虛而入，同時製造出仍專注於軍用飛機研發的假象。另一方面，考慮到軍方暫時不會再下新訂單，波音抽出主要人力、財力，轉開發民航機。

既然制定了明確的策略，緊接著就要具體付諸實施，才可能收到效果。爲了保證所有措施順利實現，波音公司投注心力於人才的吸收和培養上，並給予他們充分的權力與發揮空間，加速對民航機的研發腳步。

戰後經濟迅速復甦，刺激了航空運輸業的興起，世界各地的飛機生產廠商無不爭相採用新技術，快速推出新產品。

在激烈的競爭中，一九五四年七月十五日，波音公司的第一架，也是全美第一架噴氣式客機飛上了藍天。當時，其他公司的噴氣式客機研發全都未上軌道，甚至

還只停留在紙上作業階段。

美國航空總署頒給波音公司首架噴氣式客機的合格證號爲七〇七〇〇，恰好「七」是美國民間普遍認定的幸運數字，因此，波音公司決定將這架飛機命名爲「波音七〇七」，同時也開啓了一系列「波音七」客機的新紀元。

「波音七〇七」一問世，立刻引起注目，訂單從世界各地飛來。

在這之後，波音公司陸續推出了七二七、七三七、七四七、七五七、七六七、七七七等多型客機，同時也積極配合美國海軍、陸軍、海軍陸戰隊的不同需求，設計製造各式教練機、驅逐機、偵察機、魚雷機、巡邏機、轟炸機，以及遠程重型轟炸機。

直至今日，波音公司依然在全球航空工業領域首屈一指，地位難以撼動，更無可取代。

「金蟬脫殼」之術的高明之處，在於擺脫困境同時也製造出假象，表面看似無所爲，卻於暗地裡集中人、財、物力，發掘新需求，開發新產品，奪取勝利。就像故事中的波音公司，即便謀求轉型，仍與軍方維持合作關係，這一招不但可以保住原有市場，更可以使競爭對手降低戒心，疏於防備。

商戰筆記

• 別把一舉一動都暴露在眾目睽睽下，很多時候，事情必須「暗中進行」。用假象讓對手產生錯誤認知，才可以於眾人措手不及下達到目的。

• 當情勢轉變，經營方向就該立刻跟著轉變，能順應情勢的人遠比墨守成規的人更具競爭力。

# 遭遇危機，不妨換個方式出擊

在被大組織吞併前，先前往國外發展，鞏固基礎，加強已有力量。聽來雖冒險，卻是值得採用的方法。

日本八佰伴集團曾經稱霸商場，創始人和田一夫的經營策略與理念，有許多值得體會、效法的過人之處。

和田一夫以經營小型連鎖超級市場起家，名爲「八佰伴蔬果店」，所有店鋪以伊豆半島爲中心，分布在靜岡縣和神奈川縣西部地區。和田非常仔細地規劃經營，生意相當不錯，業績呈現穩定成長。

當時，日本零售業的發展非常不穩定，雖然看似前景不錯，但國際性大型連鎖企業虎視眈眈，隨時可能入侵，搶奪市場。除非自身實力夠雄厚，否則情勢一旦改變，必定難以承受沉重的競爭壓力。

強敵環伺的情況下，和田努力摸索並嘗試著各種生存之道，例如和其他連鎖體系聯營以增加資金，防止被更大的組織滲入。但這畢竟不是長久之計，若不能從改善自身體質著手，終究難逃危機。

面對如此棘手的局勢，和田十分苦惱，日夜尋思突破之道。

某天，他的腦中忽地靈光一閃，有了個不同以往的念頭。他想，或許自己可以在被大組織吞併前，先前往國外發展，鞏固基礎，加強已有力量。這個念頭相當冒險，但應該是一個值得採用的方法。

於是，和田立即著手實施「拓展計劃」，前往國外開設地方性超級市場。海外發展的第一個據點選在巴西，接著則是新加坡等地。經過一連串規劃縝密的行動後，八佰伴的國外分店擴張至十二家，員工六千人，年營業額達兩億五千萬美元，成績相當傲人。

如此一來，憑藉海外經營所累積的雄厚資本，即便面對強大的競爭對手，八佰伴都可以穩固地生存下去。

雖然處於競爭對手的重重包圍中，和田卻巧妙地轉個彎，運用創意，從眾人忽略的地方出擊，透過在國外開設地方性超級市場的方法，不僅有效強化了自身的競爭本錢，也化解了國內市場接踵而來的壓力與危機。

## 商戰筆記

- 運用創意思維，就沒有解決不了的困境。很多時候，經營者是因為不懂變通，才會坐困愁城。
- 從眾人忽略的地方出擊，可以幫助自己在困境當頭時避開危機，轉個方向，於敵手不知不覺間重新積累本錢，東山再起。

# 要有品質，更要受人注目

品質並不是決定銷售好壞的全部因素，當市場上同類競爭者太多時，就要以出色的包裝和名號先聲奪人，贏得消費者的注意。

想要稱霸市場，光有好品質仍不夠，必須搭配搶眼的包裝與宣傳，才能讓好商品廣為人知。

有一年的品酒會上，來自各地的幾千種酒陳列在展覽大廳裡，各式包裝皆有，琳琅滿目。

會場中擠滿來自中國各地的數千名訂貨人員，仔細地查看、品嚐一件件樣品，並與中意的廠商洽談業務。

在熱鬧的交易氣氛中，山西的「汾雁香」酒卻乏人問津，兩天下來，做成的生意寥寥可數。

究竟是什麼原因造成如此尷尬情形呢？難道是酒本身的品質不好？

「汾雁香」酒是山西知名的優質名酒，素負盛名，品質絕對不是問題。如此看來，無法吸引訂貨人員的最主要原因，是商標與包裝都太不起眼，無法引起人們的注意。

既然知道了癥結所在，就要確實採取補救行動。第三天，廠方火速更換「汾雁酒」的包裝與標籤設計，將印有「山西名酒」四個鮮明大字與優質產品獎章的新商標貼在酒瓶上。

這個更新策略果然奏效，一上架馬上吸引訂貨人員注意。前一天還備受冷落的「汾雁香」酒頓時搖身一變，成爲搶手貨，僅僅兩個小時，就簽定了總量高達兩百多噸的訂單，甚至還有許多人因爲動作太慢而向隅。

「汾雁香」一舉成名，成爲全國性名酒，打進了廣大市場。

品質很重要，卻不是決定銷售好壞的全部因素。當市場上同類競爭者太多時，就要以出色的包裝和名號先聲奪人，贏得消費者的注意。

商戰筆記

- 想要稱霸市場，光有好品質是不夠的，必須搭配搶眼的包裝與宣傳，才能讓好商品廣為人知。
- 第一眼印象很重要，想在琳瑯滿目的商品中脫穎而出，千萬別忽略了產品的包裝與企業的商標。

# 壯大自己之前，先個選好靠山

向已有一定根基的大廠牌「靠攏」，從而於神不知鬼不覺間壯大自己的實力，這正是兵法精髓在現代商場中的應用。

社會潮流逐漸向「專業」發展，經商時，與其因為涵蓋項目太多而給人模糊之感，倒不如集中火力，建立專業形象。

找出本身缺乏、薄弱之處，並且加以強化，就等於找到一條可供發展的路。

中國洗衣機業巨擘榮事達集團，連續穩坐中國大陸洗衣機產銷第一把交椅，佔有了大半市場，非常受歡迎。

榮事達集團最早只是一家手工業合作工廠，其後，幾經分合波折，至一九七七年，擁有資產三百萬人民幣，員工三百多名。

一九八〇年調整經營方向，開始生產洗衣機，一九八一年生產出約兩千台，成立合肥洗衣機廠。

合肥洗衣機廠最初生產的是「佳淨」牌洗衣機，但因爲性能不好，根本沒有消費者問津。之後雖改名爲「百花」牌，企圖一新耳目，仍因爲品質沒有太大改善而滯銷，使企業陷入困境。

一九八六年，陳榮珍從合肥鍋爐廠調入洗衣機廠，以他爲首的領導團隊審時度勢後，做出重大決策——「砸牌借牌經營」，也就是砸掉原有的「百花」牌，借用上海的「水仙」牌。

從一九八七年到一九九二年，整整五年時間，透過「借牌」，合肥洗衣機廠不僅開闢出市場，也實現了「自我積累」的目的。

所謂「借牌」，並不是完全只靠他人庇蔭，更要注重自身產品品質的提升，並且致力建造、鞏固銷售網路，在鞏固形象、創造利潤的同時，也爲自己的品牌奠定基礎。

爲此，陳榮珍曾說：「借牌只是手段，絕非目的。借牌是為了創牌，並且要超越被借的原有品牌。」

一九九二年，與上海「水仙」牌洗衣機廠合約期滿，轉與港商合資成立合肥榮事達電氣有限公司，推出屬於自己的新品牌——「榮事達」。

不過短短幾年時間，「榮事達」便成爲知名品牌。

一九九七年榮事達家電集團正式成立，旗下擁有九間子公司，總資產達二十四．三億元，員工七千一百名。

目前，該集團年生產力爲洗衣機兩百萬台、環保電器三百萬台、橡塑製品三百萬套、電視機兩百五十萬台、大中型模具兩百副。

毫無疑問，今日的「榮事達」跟過去的合肥洗衣機廠，已不可同日而語。

回顧這一段發展歷程，如果當初在面臨經營困難時，合肥洗衣機廠的領導者不敢爲人先，毅然採取砸牌、借牌的經營策略，榮事達家電集團能有現在如此豐碩的收穫嗎？

拋棄無法於競爭中存活的舊品牌，向已有一定根基的大廠牌「靠攏」，從而於神不知鬼不覺間發展、壯大自己的實力，使企業重獲新生，得以永續發展，這正是兵法精髓在現代商場中的出色應用。

## 商戰筆記

- 如果自身品牌不夠出名、信譽不夠好，就該去「借」。「借牌」的妙處，在於利用已經擁有一定知名度的品牌，拉抬自己。
- 至於借牌的真正目的，說穿了，就是「創牌」，讓自家品牌後來居上，超越被借的老牌。

# 第22計

# 關門捉賊

【原文】

小敵困之。剝，不利有攸往。

【注釋】

剝，不利有攸往；語出《易經・剝卦》。剝卦為坤下艮上。上卦為艮、為山，下卦為坤、為地，意即廣闊無邊的大地吞沒山嶽，故卦名曰「剝」。剝，落也。剝卦的卦辭為「剝，不利有攸往」，意思是說，當萬物呈現剝落之象時，如有所往，則不利。關門捉賊之計引此卦辭，是說對小股敵人要即時困圍消滅，而不利於去急迫或者遠襲。

【譯文】

對於弱小的敵人，要加以包圍，然後殲滅。小股敵人力量雖弱，但行動靈活，萬一逃脫，不宜窮追不捨。

【計名探源】

關門捉賊，是指對實力不如自己的敵人要採取分割包圍、聚而殲之的策略。如果讓對手得以逃脫，情況就會十分複雜。緊追不捨，一怕對方拼命反撲，二怕中敵誘兵之計。

這裡所說的「賊」，是指那些善於偷襲的小部隊，特點是行動迅速，出沒不定，行蹤難測。通常這種小部隊數量不多，但破壞性卻很強，常會乘我方不備，進行侵擾。所以，對這種「賊」，不可讓其逃跑，而要斷其後路，聚而殲之。當然，此計運用得好，不只限於「小賊」，甚至可以圍殲敵人的主力部隊。

戰國後期，秦國攻打趙國，在長平（今山西高平北）受阻礙。

長平守將是趙國有名的大將廉頗，見秦軍勢力強大，不能硬拼，便讓部隊堅壁固守，不與秦軍交戰。

兩軍相持日久，秦軍仍拿不下長平。秦王採納了范雎的建議，用離間法讓趙王懷疑廉頗，趙王中計，調回廉頗，派趙括爲將到長平與秦軍作戰。趙括到長平後完全改變廉頗堅守不戰的策略，想與秦軍決一死戰。秦將白起故意使趙括的軍隊取得幾次小勝利。趙括嘗到甜頭後得意忘形，派人到秦營下戰書。

第二天，趙括親率四十萬大軍，來與秦兵決戰。趙括志得意滿，中了白起的誘敵之計，率領大軍追趕佯敗的秦軍，一直追到秦營。秦軍堅守不出，趙括一連數日攻克不下，只得退兵。

這時，趙括突然得到消息：趙軍的後營已被秦軍攻佔，糧道也被截斷。

秦軍把趙軍全部包圍起來，一連四十六天，趙軍糧草斷絕，士兵殺人相食，趙括只得拼命突圍。白起嚴密部署，多次擊退企圖突圍的趙軍，最後趙括中箭身亡，趙軍大亂，四十萬大軍全軍覆沒。

趙括只會「紙上談兵」，並不知眞正的用兵之道，剛上戰場就中了敵軍「關門捉賊」之計，損失四十萬大軍，從此趙國一蹶不振。可見一個高明的統帥可以拯救一個國家，以庸才爲帥足可以毀滅一個國家。

# 懂得變通，才會成功

與其被動地見招拆招，不如主動出擊，確實了解自身優勢與劣勢，擬定真正符合市場需要、確實滿足需求的對策。

從本質上來看，「識時務」正是「求新求變」的精神展現，而「窮則變，變則通」則是千古不易之理。若將這種思想運用在對事業經營成果的追求和奮鬥上，必定能表現出善於審時度勢、隨主客觀狀況調整腳步的積極態度。

影響市場的每一項因素都一直在改變，與其被動接受，倒不如主動出擊，衡量自身狀況後確實做出改進，如此更能爭取到更多消費者。

斯堪地納維亞民航聯運公司（北歐航聯）是瑞典、挪威、丹麥三個北歐國家合併原有民航公司而成立，自正式成立以來，歷經過不少風雨。

成立以後，北歐航聯的客運量以穩定幅度持續增長，斯堪地納維亞半島的秀麗風光與滑雪場地吸引了許多遊客，帶來絡繹不絕的財富。

然而，某個時期，歐洲經濟卻突然遭遇不景氣，連帶使市場蕭條、衰退，所有航空公司都蒙受了重大損失。北歐航聯的營運狀況從原本的年營利一千七百萬美元暴跌至虧損，變化之大，令人瞠目結舌。

由於大環境惡化，致使歐洲當地所有航空公司都展開激烈競爭，北歐航聯自然也不例外，但所採取的種種措施，效果卻總不盡如人意，乘客數字繼續下降，唯有虧損持續向上攀高。無奈之下，董事會只得大刀闊斧進行改革，對領導階層人員進行全面調整，任命曾爲瑞典國內民航公司主管、當時四十一歲的楊·卡爾森，擔當起北歐航聯總經理重任。

走馬上任後，卡爾森立刻針對現有困境與弊病，端出一套完整的革新方案。他認爲，要改變現狀，讓營運好轉，就不該將重點放在成本的削減、壓縮上，因爲那都只是消極措施。

他以正面的態度指出，想在亂中求勝，從競爭中脫穎而出，必須採取積極手段，

也就是開拓財源，努力招徠更多顧客。

當時，搭乘北歐航聯的乘客，大致可分為兩類，一種是基於商業需要，必須往返於歐洲各地的商人；另一種則是前往北歐觀光、滑雪或登山的旅客。

由於北歐各國向來重視觀光旅遊業的發展，對遠從世界各地前來的觀光客自然給予多方面優待，不僅容許他們透過非常簡便的手續預訂機票，且在價格上也享有極優惠折扣。但相對的，對其他乘客則較為漠視。

儘管商人只佔北歐航聯所有旅客中的一小部分，比例較觀光客低上許多，然而楊．卡爾森卻敏銳地看出這個「缺口」，決定由此進攻，開展自己的一連串計劃。

經過與董事會再三協商，卡爾森終於得到一筆資金，用於改裝飛機內部區塊、設備，取消票價極昂貴的頭等艙，另創較實惠卻同樣保證舒適的歐洲商業旅客專用艙，命名為「歐洲艙」。

「歐洲艙」的設立，確實為那些因商務需要必須往來各國的乘客帶來方便，贏得普遍好感。一傳十、十傳百，很快吸引了越來越多的商務旅客。載運乘客人數較前一年增加八％，當年的收入則提高二十五％，彌補了之前財務赤字帶來的困境。

儘管成功跨過了眼前的挑戰，但卡爾森並不感到滿足。以此為基礎，他再接再厲投入大筆資金，首先全面塗裝北歐航聯客機已老舊的外殼，接著全面更換內部設施，並為全體機組人員設計更時髦、更搶眼的新制服，頓時使搭機乘客感到耳目一新，建立起更好的印象。

正當歐洲航空業界一片愁雲慘霧，北歐航聯不僅成功扭轉了前一年度的虧損，更獲利達七千一百萬美元。

沒有解決不了的困境，端看使用的辦法是否得當。與其被動地見招拆招，不如主動出擊，確實了解自身優勢與劣勢，從而擬定出真正符合市場需要、確實滿足消費者需求的對策。

商戰筆記

- 「窮則變，變則通」，足以影響市場的因素不斷在改變，與其被動因應，倒不如主動出擊，如此更能在亂中取勝。

# 用包夾策略，將消費者完全包圍

運用包夾策略將消費者牢牢掌握在手上，而且不給予其他競爭對手任何入侵機會，消費者必定越來越習慣於特定藥店購物。

日本人通口俊夫剛開始經營「通口藥店」時，生意十分不理想，收入僅夠勉強維持一家人溫飽，生活過得非常清苦。

窮極無聊之下，他開始在顧店時看書打發時間。平淡的日子一天一天過去，直到某天無意間看到一本名叫《日本進攻大陸作戰》的書。當時的他，做夢也沒有想到，會因爲這樣一本書改變自己的往後一生。

《日本進攻大陸作戰》，顧名思義是在描寫二次世界大戰期間，日本進攻中國並展開一連串作戰的相關情況。

當時，由於戰力不足，日軍於中國大陸佔領的重點只在大城市，儘管未深入廣闊的農村，卻能有效挾制整個佔領區。

看著看著，通口俊夫忽地靈機一動，有了個別出心裁、充滿創意的想法：同樣的戰略，是否也可以應用在經營中呢？

假設有三間小店，彼此之間的相對地理位置若是不處於同一直線，它們之間的連線就必定會構成一個三角形。

如果三個小店都由同一個人經營，形成連鎖形式，那麼當其中任一家藥店的某種藥品缺貨，只要一通電話打到其他兩家商店，便可以立刻得到支援。

如此一來，將不會有缺貨困擾，必定能夠讓每位登門顧客都買到需要的藥品，不致於錯失任何商機，並使業績大幅提高。因爲藥品不同於其他商品，帶有急迫性，消費者在購買時的首要考慮必定爲距離遠近、便利與否、供貨是否充足，而不會太在意藥店裝潢究竟漂不漂亮。

這樣一想，通口俊夫頓時豁然開朗，有了努力奮鬥的目標。從此以後，他熱情待客，勤奮節儉，不斷積累、儲蓄，終於買下附近的兩家小店鋪，形成了第一個三角形連鎖店體系。

果不其然，「三角經商法」發揮了令人吃驚的威力。除了原先預計的種種好處，他還發現，以連鎖店中的任何一個據點進行宣傳，便等於同時爲其他兩家店也做了廣告。

此外，因爲三家店面聯合進貨，提高了訂量，明顯壓低進貨成本，增強商店本身的價格競爭能力。

由於商品齊全、調貨及時、價格低廉，藥店的生意很快興旺起來。

通口俊夫並未感到滿足，謀劃著再接再厲繼續出擊，憑藉現有根基，擴大三角經商的規模。方法很簡單：以任兩間老店爲基礎，開立一間新店，構成一個新的三角形連鎖體系。

憑藉兩間老店面的支援，新店必定同樣具有競爭力，如此每建立一間新店，就可以擴大覆蓋面積，更有效控制市場，讓競爭對手無從進入。

不久以後，「通口藥品連鎖商店」正式成立，經營面積拓展至全國，連鎖店面一家接著一家在日本各地成立，店面數發展至五百多家，年度銷售額佔全日本藥品銷售額的十一%。

通口俊夫獨創的三角經營法，正是「關門捉賊」之計在現代商管、經營領域中的精彩運用。運用包夾策略畫定明確的商圈範圍，將消費者牢牢掌握在手上，而且不給予其他競爭對手任何入侵機會，在這種狀況下，消費者必定越來越習慣於特定藥店購物。

## 商戰筆記

- 由點到面，巧妙運用「包夾」策略，既將消費者團團包圍，又讓競爭對手難以入侵，這就是連鎖企業三角經營法的最大好處。

# 表現誠意是最能抓住顧客的妙計

做生意不能僅會耍弄心機和花招，無論經營手段多麼高明，最終還是需要對顧客展現出自己的真心誠意。

要想穩健地發展，就必須順應局勢，做出積極變革。經營者如果過度安於現狀，不想改善自己對待顧客的方式，不想提升服務態度，那麼最好做好心理準備，迎接必定每況愈下的業績。

二十世紀初，「義大利銀行」正式於美國掛牌開業，在董事會議上，創辦人賈尼尼鄭重地宣佈了自己的經營方針：「義大利銀行是為窮人開立的大眾銀行，不允許擁有半數以上股權的大資本家介入。事實上，我們是為所有儲戶和股東服務，收益爲銀行的每一份子所共有。鄰近村落有許多魚販，北海岸還有小雜貨店、理髮店、藥店、麵包店、餐廳、油漆店……等等，當然，還有爲數衆多的農民。他們都可以成爲銀行的股東，各自擁有少量股份。」

為了實現此一目標，賈尼尼推掉了衆人嚮往的總經理頭銜，更親自前往農村，說服農民們把辛苦積累的錢存入義大利銀行。

義大利銀行開業後，各界的流言蜚語不斷：「那不過是北海岸的小銀行。」「對，簡直就是小兒科！」

種種不利傳言接踵而來，對此，賈尼尼毫無懼色。

開業兩個月，合夥人之一的賈克摩查看帳簿之後，憂心忡忡地提出疑問：「賈尼尼，營運狀況眞的沒問題嗎？十一月底的存款額共六．八萬元，但放款額卻高達九．二萬元，明顯過多了啊！」

「不用擔心，絕對沒問題！」

賈尼尼的回答充滿自信，因爲在他看來，只有落實現下正致力推行的小額貸款政策，才可能創造出打敗大銀行的契機。

勞工、商販之類的藍領階級或小商店老闆，因爲拿不出大錢，無論走進哪家銀

行貸款都不會受到歡迎，唯有義大利銀行願意明快地核發小額貸款，使他們免受高利貸的荼毒。

藉著一筆又一筆的小額貸款，這些人得以迅速擴大經營規模，資本茁壯後便進一步成爲義大利銀行的主要顧客。這就是賈尼尼經營理念的獨到之處。

不久之後，舊金山發生強烈地震，建築物紛紛倒塌，前一刻還熱鬧繁華非常的城市，轉眼變成一片廢墟。

震災過後第四天，賈尼尼公開宣佈：「即便露天也要維持義大利銀行的營業，且時間照舊，絕不受地震影響，不損及存戶權益。」

此舉不僅對急需於震後重整旗鼓的商人帶來幫助，也大大提高了義大利銀行的知名度，以及股東、存戶們的信任度。

察覺到原本名不見經傳的義大利銀行聲勢看好，華爾街立刻下達徹底擊潰賈尼尼的最高指令。但是，賈尼尼的聲譽十分良好，無論敵方使出何種手段，都無法動搖股東和存戶的堅定信心，無法阻止義大利銀行繼續強大。

正是本著誠信待人、服務大衆的信念，賈尼尼不受華爾街接二連三的攻擊影響，依靠衆人的信任擺脫困境，並將義大利銀行更名爲「美國商業銀行」，最終登上全美銀行界的龍頭寶座。

由美國商業銀行崛起的例子可以知道，做生意不能僅會耍弄心機和花招，無論經營手段多麼高明，最終還是需要對顧客展現出自己的眞心誠意。

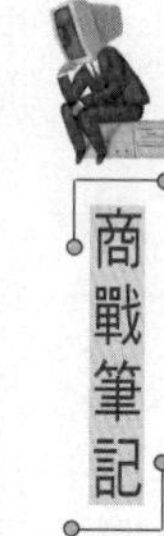

## 商戰筆記

- 不論從時什麼行業，忽略顧客需求便注定不能有更好發展，必須具備隨時求變、勇於創新的積極態度。
- 耍點心機、手段雖然可以在短時間內搶得顧客，但要求真正的長久穩健經營，還是必須拿出與顧客交流的真心誠意。

# 動手讓產品更合消費者胃口

認清主要消費者的身分與購買目的，再依據他們的需要去設計、改進、促銷，才有辦法使銷路大開，稱霸市場。

不能合消費者胃口的商品，必定無法暢銷。產品上市之前，得先認清訴求的主要消費客群，明確定義他們的身分與購買目的。

河南省上蔡狀元紅酒廠生產的名酒「狀元紅」，起源於明末清初，採用上蔡縣城外臥龍崗龍潭水，加上優質高粱，尊古方浸製的杜仲、當歸等十八種藥材精釀而成，被評爲河南省優質產品，暢銷大陸許多省分。趁著情勢一片大好，廠方決定乘勝追擊，打進中國大陸最大市場——上海。

「狀元紅」首次在上海亮相之時，酒廠信心滿滿，認爲憑藉產品的質優價廉，一定能達成目標。沒料到，事與願違，「狀元紅」的銷售數字非但與「暢銷」有好大一段距離，甚至還淪落到大批庫存積壓，嚴重滯銷的地步。

這是怎麼回事呢？究竟哪個環節出了錯？

爲了弄清楚滯銷原因，酒廠當即指派幹部前往上海，選擇地處繁華商業中心、最有代表性的幾家商場進行抽樣調查，設法取得各種統計資料。

調查結果顯示：購買者當中，年輕人佔了六十四％；從購買目的分析，送禮的佔五十七％；從購買能力分析，價格在中高檔的比例佔六十六％。

可以看出，年輕人是上海瓶酒市場的最大購買者，他們購買大都出於兩個目的，一是作爲禮物，如孝敬長者、答謝師長，或逢年過節饋贈親友；二是作爲裝飾，增添家中喜慶氣氛。

找出了瓶酒市場的消費群，也就等於找到了狀元紅酒滯銷的原因——商標、包裝都過於陳舊，而且酒瓶的造型不夠出色，影響購買慾。

針對上述情況，上蔡酒廠決定改換行銷方式，以年輕人消費者爲目標，進行調整，重新搶攻市場。

首先，廠方更換了商標標籤，並改進外包裝，以硬紙盒配上紅色絲繩，美觀又便於攜帶。然後又根據「送禮成雙」的民間習俗，設計出雙瓶「狀元紅」包裝。古香古色、精美典雅的雙瓶包裝，甫推出便榮獲優秀包裝設計獎。

上蔡酒廠不僅發揮創意，從外觀上改進，更引進新的製釀技術，使產品的品質更有保障，再對價格進行調整，以符合年輕人的消費能力。爲了重新樹立形象，上蔡紅酒廠也一改過往作風，重新製作宣傳廣告，全面提升企業的知名度。

經過一連串周密的籌備與推演之後，上海媒體接連刊登圖文並茂的報導，十分詳細地介紹了「狀元紅」的品質、濃度、式樣、價格、功能和悠久歷史。報導一出，立刻吸引大批消費者的注意。

在廣告的加溫下，全面更新包裝的首批「狀元紅」上市四千八百瓶，幾小時內搶購一空，盛況空前。據統計，這一年度，「狀元紅」光是在上海市的銷量高達一百噸，佔上蔡酒廠年產量的二十．五%。

毫無疑問，狀元紅酒以亮麗成績成功打進了上海市場。

兩次銷售結果大不相同，第一回冷冷清清、無人問津，第二次卻熱鬧非凡，引起搶購。同樣一種酒，卻有完全不同的境遇，深究箇中原因，就在於上蔡酒廠抓住了銷售的關鍵——主要消費者。

認清主要消費者的身分與購買目的，再依據他們的需要去設計、改進、促銷，才有辦法使銷路大開，稱霸市場。「關門捉賊」運用在商業上，就在於抓住問題的關鍵，從要害處下手解決問題，避免模糊焦點，浪費不必要的時間與力氣。

商戰筆記

- 不合消費者胃口的商品，必定無法暢銷。產品上市之前，得先認清訴求的主要消費客群，明確知道他們的消費模式和購買目的。
- 商場競爭激烈，所以做生意務求不浪費任何一點時間或力氣，對準「要害」下手，才是最聰明的方式。

# 第23計 遠交近攻

【原文】

形禁勢格，利從近取，害以遠隔。上火下澤。

【注釋】

形禁勢格：禁，禁錮、限制。格，阻礙。句意爲：受到地勢的限制和阻礙。

上火下澤：語出《易經，睽卦》。睽卦爲兌下離上，上卦爲離、爲火，下卦爲兌、爲澤。上火下澤，是水火相剋；水火相剋又可相生，循環無窮。本卦《象》辭說：「上火下澤，睽。」意爲上火下澤，兩相違離、矛盾。此計運用「上火下澤」相互違離的道理，說明採取「遠交近攻」的不同做法，使敵相互矛盾、背離，我軍則可各個擊破。

【譯文】

地理位置受到限制，形勢發展受到阻礙時，攻擊近處的敵人對自己有利，攻擊遠處的敵人對自己有害。火焰是向上竄的，澤水是向低處流的，萬事萬物的發展變化無不如此。

**【計名探源】**

遠交近攻，語出《戰國策．秦策》。范雎曰：「王不如遠交而近攻，得寸，爲王之寸，得尺，亦爲王之尺也。」這是范雎說服秦王的一句名言。

遠交近攻，結交離自己遠的國家而先攻打鄰國，是分化瓦解敵方聯盟，各個擊破的戰略性謀略。

當自己的行動受到地理條件的限制而難以達成時，應先攻取就近的敵人，而不能越過近敵去攻打遠離自己的敵人。

爲了防止敵方結盟，要千方百計去分化敵人，各個擊破。先消滅近敵，之後，「遠交」的國家又成爲新的攻擊對象。

「遠交」的眞正目的，實際上是爲了避免樹敵過多而採用的外交誘騙手段。

# 運用現有資源打下另一片天

在起步之初擬定有效的「遠交近攻」策略，巧妙運用已經熟悉的資源，往往能協助自己開拓尚不熟悉的市場，打下另一片江山。

DDB廣告創辦人威廉．柏恩拜克曾說：「一個創意變成垃圾或是魔法，取決於使用它的人的天分。」

運用創意思維，進攻市場其實可以透過許多不同途徑。打入新市場時，已有的每一分資源都是最好的後盾，規劃運用得當，可以讓自己發揮較本有實力更驚人的威力。

日本的本田（HONDA）技研公司，不僅曾是世界最大的摩托車生產商，重心轉

移至汽車製造後，同樣享有盛名，備受好評。

這個規模如此龐大的跨國汽車企業，最初是從一間小型自行車零售商店開始起步的。

一九四五年，第二次世界大戰結束後，透過特殊管道，本田宗一郎由軍方處得到五百個電動小引擎。他把它們安裝在自行車上，並加以改裝，製成獨樹一格的「電動車」，推出後銷量非常好，五百輛很快便銷售一空。

雖是無心插柳，本田卻從中看到了摩托車銷售的潛在市場，決定成立「本田技研工業株式會社」，開創事業。

很快的，一批批摩托車生產出來，但一個新問題也應運而生——光靠當地原有市場，必定無法容納、支撐公司的一切營運，因此，本田宗一郎必須設法將產品推銷出去。

經過一段時間的拜訪、遊說後，本田找到了新的合夥人，名叫藤澤武夫，是一位對銷售業務相當有一套的小承包商。

兩人針對未來發展方針與必須突破的困境進行討論，當談及如何建立全國性銷售網這個問題時，藤澤提出建議：「全日本目前已有約兩百家摩托車經銷商店，如果我們還硬要跳下去分一杯羹，恐怕在獲得利益之前，會先蒙受到不輕的損失，沒有太大好處。」

藤澤武夫提出自己的構想：「我們不如換個角度，將目標瞄準全國的五萬家自行車零售商店，說服他們銷售本田的摩托車。對他們來說，如此不但擴大了業務範圍，增加獲利的機會，又間接帶動自行車的銷售，百利而無一害。肥肉擺在面前，難道他們會選擇不吃嗎？」

本田一聽，覺得是條有創意的妙計，立刻委請藤澤著手進行。

於是，雪片般的信函一封封飛往遍佈全日本的自行車零售商店，信中除了詳細介紹本田出產機車的優越性能，還表示在利潤分配上，本田公司必定會較其他廠商更爲優惠。

短短兩星期時間，本田收到約一萬三千家商店的積極回應，表明經銷意願。藤澤的盤算果然奏效，巧妙地爲當時資本尚不豐厚的「本田技研」建立起銷售網，以此爲根基，進軍全日本。

正因爲在起步之初，藤澤武夫擬定了有效的「遠交近攻」銷售策略，巧妙運用已經熟悉的資源，協助自己開拓市場，所以本田技研能發揮出更顯著的威力，成功打下另一片江山。

## 商戰筆記

- 進攻市場其實可以透過許多不同途徑，必須仔細評估利弊得失，選用最有效益的方法。
- 打入新市場時，要活用「遠交近攻」策略，將已有的每一分資源都當成後盾，只要規劃運用得當，可以讓自己發揮更驚人的威力。

## 審慎選擇合作的對象

合作對象的挑選不是容易的事，必須從很多方面斟酌、考量。若是「近親聯姻」，未必有利於加快研製腳步。

與其他廠商結盟是現在企業發展的一大趨勢，但挑選合作對象前必須審慎進行多方面考量。遠近、規模並不是唯一依據，最大的考量是，必須取決於眞正有利於自己未來發展。

因爲高科技的迅速發展，家電領域中，大量的新材料、新技術應運而生，用以製造節能變壓器鐵芯的「新型低鐵矽鋼片」就是其中一種。

當時，在美國家電市場執牛耳多年的奇異（GE）公司和西屋（Westing House）

電氣公司，以及實力不算頂尖的阿姆卡公司都進行研製，相互競爭。想不到的是，最終竟由阿姆卡公司拔得頭籌，搶佔美國市場。

在這個小蝦米戰勝大鯨魚的經典案例中，阿姆卡公司打敗兩大強勁對手的優勢是什麼呢？

答案正是阿姆卡公司重視「資訊情報收集」工作，在關鍵時刻採取「遠交近攻」策略。

如火如荼研發「新型低鐵矽鋼片」過程中，不同於其他兩家的「埋頭苦幹」，阿姆卡公司敏銳地察覺出最新狀況——不僅美國，遠在地球另一端的日本鋼廠也同樣積極研發，並且準備大手筆投入最先進的處理技術。

全盤分析情勢後，阿姆卡公司高層得出結論，若以現有實力繼續從事獨立研製，必定落居「通用」、「西屋」兩大強手之後，無法搶得先機。與其如此，倒不如改走結盟合作之路。

但合作對象的挑選不是容易的事，必須從很多方面斟酌、考量。與「通用」、「西屋」聯手，算是「近親聯姻」，未必有利於加快研製腳步，未來也只能共享美國市場。

倘若將眼光放遠，與日本鋼廠並肩合作，局面就完全不同了，不僅能加速研製過程，並且可以提高生產力，拓展市場，創造雙贏。

於是，阿姆卡公司選擇遠渡重洋，與過往不曾接觸的日本鋼鐵廠合作，結果果眞一如預期，較原定計劃提前半年完成研發，率先搶下市場。至於墨守成規不知變通的兩大老牌公司則吃了敗仗。

## 商戰筆記

- 對資訊的收集越詳細、越完全，就越能掌握真正情勢。
- 與其他廠商進行各種形式結盟是現在企業發展的趨勢，但挑選合作對象前必須考量本身發展，審慎進行多方面評估。

# 發掘市場的潛在利益

與其追求一時的短暫利益，更應該注重開發長久的市場，在兼顧社會效益與經濟效益的情況下，培養潛在需求。

短視近利的人只看見眼前的市場，真正出色且成功的商人則會從長遠考量，由培養潛在市場需求著手。

豐田公司是銷售量排名世界第一大的汽車製造公司，年銷售量達上千萬輛。之所以能創下如此傲人的銷售奇蹟，與公司成立之初一位名叫神谷正太郎的經營謀略家有密切關係。

自從成立豐田汽車公司以後，神谷便一直竭盡全力，開拓汽車的潛在市場，他的名言是：「需要是被創造出來的。」

爲了開拓潛在市場並創造需求，他決定採取「迂迴投資法」，不僅成立豐田汽車維修公司，更大手筆投資開辦了東亞規模最大的「中部日本汽車學校」。

接著，他又投資了日本研究中心、國際道路、名古屋廣播、日本產業電影中心、中部日本汽車維修學校等。

最初，許多人不理解他的做法，認爲這些都是不必要的投資，批評道：「我們從事的是汽車銷售，而不是社會事業。」

神谷則對此提出反駁：「就和生產前必須先投資一樣，銷售前也要投資。如果僅僅著重於挖掘當下的社會需求，企業就會停滯不前。眞正眼光遠大的企業，會從現在起就考慮到五年、十年後的將來，做通盤性規劃，努力擴大潛在需求，就算必須犧牲部分眼前利益，也在所不惜。」

神谷並且強調：「比起每月一味地詢問銷售量究竟有多少，我們更應站在國民生活、顧客眞正需求等不同角度來考慮問題，同時謹記著，無論衡量或抉擇任何事情，都要著眼於遠方和未來。」

事實證明，神谷正太郎的確頗具先見之明。

汽車學校和維修學校培養出大批駕駛人員和修配人員，這些人既懂技術，又懂銷售技巧，因而成爲在一線活躍、帶動豐田公司業績向上成長的生力軍。

至於對其他社會事業的投資，表面看似沒有助益，實際上卻有相當影響。這些投資不僅打響豐田汽車的知名度、改善企業形象，又使豐田更加深入了解社會，與潛在客層接觸，了解所需的社會實際情況與情報，成爲制定策略時不可缺少的參考依據。

後來，根據對未來發展形勢的預測，豐田公司決定一方面繼續投入汽車工業，另一方面改變單一生產現況，同時嘗試往其他領域發展。決策下達後，那些過往備受質疑的社會事業立即成爲引領轉變的先驅，指引出可能的發展方向，並提供一定的勝利基礎。

神谷正太郎憑藉經營社會公益事業，創造出汽車銷售業奇蹟，同時也擴大了企業對整個社會的影響力，由於效果非常好，日後爲許多企業稱道、仿效。

想成爲一個成功且出色的商人，與其追求一時的短暫利益，更應該注重開發長久的市場，甚至進一步轉守爲攻、主動出擊，在兼顧社會效益與經濟效益的情況下，培養潛在的市場需求。

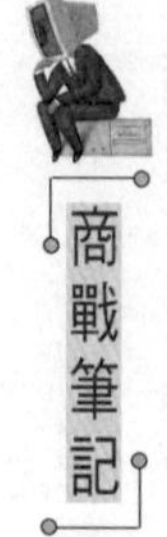

商戰筆記

- 企業形象塑造的成功與否，對業績影響相當大，因此，凡有志於長遠經營的企業，無不致力於形象的提升。
- 短視近利的人只看見眼前的市場，真正出色且成功的商人會從長遠考量，由培養潛在市場需求著手。

# 援引外力，補強自己的實力

自身實力若不夠強大，貿然投入競爭絕非明智之舉，聰明人會巧妙地援引外力補強，等到時機真正成熟後再一舉突圍。

商品賣不好，癥結往往在於缺乏創意，然而「創意」並不一定是讓商品熱賣的萬靈丹，重點在於「創意」是否能夠開創商品全新的價値，是否能像「魔法」一樣畫龍點睛，使產品有更高層次的內涵。

身爲山東曲阜酒廠的廠長，從走馬上任的第一天起，曾奇棟就萌生一個大膽的念頭——進一步開發、提倡曲阜酒廠產品，讓當地的酒品紅遍全國，甚且打入世界舞台。

在這個願景驅動下，曾奇棟率領著研發小組沒日沒夜地辛苦工作，終於成功釀製出散發著誘人馨香的佳釀，且率先開啓了中國白酒低度化的先河。

因爲所在地是孔子的故鄉，曲阜酒廠所釀出的新酒命名爲「孔府家酒」。

下一步，便要開始思索將產品推向市場的策略。

有鑑於中國的酒品琳瑯滿目，名酒更不在少數，曾奇棟突發奇想：如果反其道而行，先把孔府家酒推向海外，尤其是東南亞那些受中國文化深遠影響國家，會達到什麼效果呢？

率先開拓國際市場，憑藉古老文化特有的魅力，應該可以得到熱烈迴響才是。

主意既已打定，接著就該擬定對策，採取行動。爲了拓展外銷，曾奇棟決定設法參加即將於廣州舉辦的展銷會。

作爲中國酒壇的無名小輩，要想參加這樣的盛會可說十分困難，但曾奇棟用盡各種方法，軟硬兼施，終於打動了負責人，同意讓曲阜酒廠代表進入大廳參展，但沒有攤位、沒有展台。

能夠進入交易大廳就有機會，就算沒有正式展台也沒關係。爲了吸引在場客商注意力，曾奇棟打開酒瓶，頓時一股獨特酒香撲鼻而來，彌漫於大廳。客商們聞香紛沓而至，或品嚐、或詢問，表現出高度興趣。

第一個下單訂購的是香港協盛商行，一口氣便預訂三百箱，震驚全場，為孔府家酒走向國際舞台的夢想揭開序幕。

從此之後，訂單果真源源不斷自各方而來，孔府家酒譽滿東南亞，成為暢銷名酒、備受市場歡迎。

「遠交」戰略既然獲得成功，緊接著就該挾海外優勢正式進攻國內市場。分析形勢之後，曾奇棟決定從全國首善之都——北京開始。

「近攻」的第一步由中央電視台開始。為了打開知名度，曲阜酒廠不惜投下大筆預算，在新聞節目播報之前的黃金時段，推出孔府家酒廣告。

這時，恰逢第七屆全國運動會在北京舉辦，曾奇棟抓住這個大好時機展開大規模宣傳，不僅有寫著「孔府家酒」大字的各色彩旗飄揚在主要幹道兩旁，公車車廂裡也到處都是孔府家酒的廣告，簡直可以用無孔不入來形容。

成功打入北京市場之後，銷量與日俱增，很快的，中國其他城市也跟著掀起「孔府家酒」熱，甚至出現酒商因為耐不住等候，直接指派專車前往曲阜酒廠載酒的空前景況。

憑藉自身優異品質與亮眼的銷售成績，後起之秀「孔府家酒」脫穎而出，奪得「最高終身大獎」的肯定。

孔府家酒成功將產品與文化結合，制定出「遠交近攻」策略的酒廠廠長曾奇棟絕對功不可沒。

當自身實力尚不夠強大，市場又處於激烈廝殺狀態時，貿然投入競爭絕非明智之舉。聰明人會巧妙地援引外力補強自己，並看出可以下手的突破口，等到時機眞正成熟後再一舉突圍。

商戰筆記

- 自身實力不夠強盛時，最好能靜觀局勢、等待時機。貿然殺入市場絕對討不到便宜，反而可能變成激烈競爭廝殺下的犧牲品。
- 將產品與文化或風土民情結合，藉以提升本身的內涵，是一種讓消費者留下深刻印象的有效策略。

第24計

# 假道代號

【原文】

兩大之間，敵脅以從，我假以勢。困，有言不信。

【注釋】

假：假借。

困，有言不信：語出《易經·困卦》。困卦爲坎下兌上，上卦爲兌、爲澤、爲陰；下卦爲坎、爲水、爲陽。卦象表明，本該容納於澤中的水，現在離開澤而向下滲透，以致澤無水而受困。同時，水離開澤流散無歸也是困，所以卦名爲「困」，是困乏的意思。困卦的卦辭說：「困，有言不信。」大意是說：處在困乏境地，難道還能不相信強者的話嗎？假途伐虢之計運用困卦卦理，強調處在兩個大國中的小國，面臨著受人脅迫的境地，這時我方若說要去援救，對方在困頓中能會不相信嗎？

【譯文】

位於敵我兩個大國之間的小國，當敵方脅迫它屈服的時候，我方要立即出兵援助，並借機把自己的力量滲透進去。對於處於困境的國家，只說空話而無實際援助，是不能取得信任的。

**【計名探源】**

假道，是借路的意思。語出《左傳．僖公二年》：「晉荀息請以屈產之乘，與垂棘之璧，假道於虞以滅虢。」

處在敵我兩大國中間的小國受到別人武力威脅時，必須出兵援助，把己方力量滲透進去。對處在夾縫中的小國，只用甜言蜜語而無實際行動是不會取得信任的，因此援助國往往以「保護」爲名，或給予「好處」，火速進軍控制局勢，使其喪失自主權，再適時襲擊，就可輕易地取得勝利。

春秋時期，晉國想吞併鄰近的兩個小國虞和虢，但這兩個國家之間關係很好，晉如襲虞，虢會出兵救援；晉若攻虢，虞也會出兵相助。

大臣荀息向晉獻公獻上一計說，要想收服這兩個國家，必須離間它們，使它們反目成仇。虞國的國君貪得無厭，正可以投其所好。他建議晉獻公拿出心愛的兩件寶物，屈產良馬和垂棘之璧，送給虞公。

晉獻公捨不得，荀息說：「大王放心，只不過讓他暫時保存罷了，等滅了虢國再滅虞國，一切不都又回到您的手中了嗎？」

晉獻公依計而行，虞公得到良馬美璧，高興得嘴都合不攏。

不久，晉國故意製造事端，找到了伐虢的藉口。晉國要求虞國借道讓晉國討伐虢國，虞公得了晉國的好處，不得不答應。虞國大臣再三勸說，指出虞虢兩國唇齒相依，虢國一亡，必然唇亡齒寒，晉國是不會放過虞國的。

虞公短視近利，就是不聽。

晉國大軍借道虞國，前去攻打虢國，不久就取得了勝利。班師回國時，晉國沒費吹灰之力就滅掉了虞國。

# 胸懷大志才能成為經營大師

由於時機得當，方法巧妙，「摩根化體制」勢如破竹，迅速控制了全美鐵路業，影響力遠超過鋼鐵大王卡內基。

當實力足夠強大的時候，幾乎每一個企業家都會考慮在合適的時機塑造自己的光輝形象，以利於企業的長遠發展。但唯有志存高遠、胸懷遠大目標之人，才有可能成爲眞正的經營大師。

美國企業界鉅子約翰．摩根，在經濟最艱難的時刻，以救世主的面目出現，以冠冕堂皇的理由，拯救了大批因破產而走投無路的股東和債權人，建立「摩根化體制」，不僅將以前的惡名一掃而光，而且還大賺了一筆，可謂名利雙收。

「摩根化」時代的眞正來臨，是在一八八八年，這一年，北太平洋鐵路與南方鐵路系統相繼破產，無論是政府還是業主，都面臨著極其嚴峻的考驗，他們都認爲有必要儘快處理殘局，只等哪位大企業家站出來收拾這個爛攤子，解決困境。

摩根看到千載難逢的機會正向他招手，很快做出打算。

透過調查，摩根知道第一國家銀行董事長喬治．貝克對鐵路投資興致高昂，也對各地鐵路的融資頗爲關心。

爲了能夠引出貝克這條大魚，摩根首次講述了「摩根化」的有趣構想：「我想建立一個專爲債權人而設的信託委員會。」

「信託委員會？委託什麼呢？」貝克滿腹狐疑地問。

「委託公司的重建。委員會由四到五人組成，人數越少越好。」

這分明是用摩根的信用來穩定陷入恐慌狀態的股東和債權人，同時達到控制公司的目的，野心頗大。

貝克爲這個想法出了神，沉思了好一會兒。

摩根見貝克猶豫不決，趕緊趁熱打鐵，繼續遊說：「若您也能加入信託委員會，那麼信用度想必能提升好多倍。」

貝克原本就已對摩根的想法頗為心動，當即點頭，表示同意。

就這樣，摩根與第一國家銀行的結合大功告成。那麼，所謂的「摩根化」，具體細節與實行步驟又是什麼呢？

首先，組成一個調查小組，對鐵路企業內部的財務狀況進行徹底調查，推算最低收入，定下改組期限，同時告知廣大股東與債權人，為使公司儘快復甦，股利不派發，利息不支付，擺出破釜沉舟的架勢，以促使股東與債權人下定決心，相信摩根會為他們帶來轉機。

初步穩定了舊股東的心之後，接著立刻實行增資計劃，募集資金，給予股東們再投資的機會。

不過，要做到這一點，關鍵就在於信託委員會的「信譽」。正因如此，摩根才費盡心思拉攏第一國家銀行入夥。

第一國家銀行素以信譽良好著稱，有了貝克的介入，信譽確實可以增加數倍，如此才能在這關鍵的一步棋中帶來絕佳的效果。不但如此，貝克的加入同時可以給人有第一國家銀行做靠山的感覺。

最後一步，也是最關鍵的一步，當然也是摩根的用意所在——派出自己的人馬入主各鐵路公司。

四五個得力人員組成一個企業重建小組，儼然是不可動搖的太上皇，達到徹底獨佔、操縱企業的目的。

微妙的是，雖然「摩根化體制」並非出於仁慈之心的方案，正如一些批評家所言，而是另一種「巧取豪奪」的手段，然而當股東以及債權人面臨艱困的時刻，摩根冠冕堂皇地以救世主的姿態降臨，拯救了因破產而走投無路的股東與債權人，因而很少有人認爲他是趁機大賺一筆。

由於時機得當，方法巧妙，「摩根化體制」勢如破竹，迅速控制了全美鐵路業。其後，摩根又坐上了鋼鐵業第一把交椅，影響力遠超過鋼鐵大王卡內基。

商戰筆記

• 摩根透過敏銳的觀察，運用機巧及微妙的操控手法，巧妙隱藏真正的目的，順利讓自己名利雙收。

# 借別人的聲名，讓自己成名

想要吸引顧客注意，就一定要有「名」，若沒有，就該借用別人的「名」來烘托自己，讓自己「成名」。

一九五〇年代末期，美國黑人化妝品市場由佛雷化妝品公司獨佔。公司的內部一位名叫喬治·詹森的員工決定自創門戶，便辭去工作，以五百美元成立詹森黑人化妝品公司。

詹森清楚地知道，憑自己目前的能力，根本不可能和佛雷公司匹敵，若生產同質性太高的商品也一定沒有銷路。經過審慎衡量、評估後，他決定集中所有力量生產一種特別的粉質化妝膏，並以「襯托法」推銷自己的產品。

當顧客問及產品功效，詹森必定這樣回答：「使用佛雷公司的產品化好妝後，不妨再擦上一層詹森公司的粉質膏，必定可以收到意想不到的效果。」

員工們都對「依附式」宣傳相當不滿，認爲沒必要替他人打廣告，連佛雷公司的人也笑詹森頭腦不清楚，長他人志氣、滅自己威風。

對於種種疑慮或嘲笑，詹森不爲所動，只解釋道：「就是因爲佛雷公司的名氣大，所以我才這樣說。打個比方吧，放眼全美，根本沒有幾個人知道我姓詹森，但我如果能想辦法站在總統身邊，一同出現在電視上，相信不出多久，我的名字便會家喻戶曉、人盡皆知了。」

「推銷化妝品的道理與此相同。目前，在一般黑人眼中，佛雷公司的化妝品享有盛名，算得上是最頂級品牌，如果我們的產品能和它的名字一同出現，象徵了什麼呢？表面看來是在吹捧佛雷公司，實際上卻抬高了自己的身價。」

這一招果眞見效，購買了佛雷公司產品的消費者，大都會順道購買詹森公司的粉質化妝膏，使得業績迅速攀升，市場佔有率開始擴大。

打下基礎後，詹森又接著生產一系列新產品，並開始進行強力宣傳。因爲品質不輸佛雷公司，價格又低廉許多，短短幾年時間，便成功將佛雷公司的大部分產品擠出了市場，成爲黑人化妝品領域的新霸主。

搭上順風車，可以用更短的時間抵達目的地。

商業法則也是如此，想要吸引顧客注意、提升信賴度，就一定要有「名」，但若沒有名氣又該怎麼辦呢？

很簡單，那就借用別人的「名」來烘托自己，讓自己「成名」。

## 商戰筆記

- 如果有順風車可搭，機會難得，當然無須遲疑，大可毫不猶豫地搭上去，讓自己於更短時間抵達目的地。
- 別輕忽了「名氣」的重要，如果自身的品牌沒有名氣，就該設法藉別人的名氣來拉抬自己的商品。

# 正確的資訊價值超過黃金

在競爭激烈、瞬息萬變、交流頻繁的商場，搜羅並掌握正確的資訊，往往能發揮鉅大的價值。

因爲商場競爭激烈，且變化日趨快速複雜，所以有兩種「要素」便顯得更加重要——人才與正確資訊。

木村是日本東京一家化學公司的高級工程師，工作態度積極勤奮，且思路清晰周密，曾經研發出好幾種成功打入外國市場的化學合成劑，爲公司賺得了相當可觀的收益。

這家公司自然有許多競爭對手，其中之一是成立不久、位在橫濱市的某家化學

製品公司。儘管擁有一流設備與優秀的業務推銷員，這家化學製品公司卻苦於缺乏設計、研發人才，導致產品品質不如人，始終打不進市場。

爲了覓得優秀人才，提振公司業績，總裁佐佐木思量再三之後，終於做出決定，聘請「人事間諜」出馬「挖牆角」。

佐佐木立即向東京一家「人才資訊公司」請求援助，並開出相當優厚條件，由這家人才資訊公司的主管田中親自出馬。

透過向木村的同事旁敲側擊，田中很快瞭解到眞實狀況。事實上，木村的工作並不如表面如意，還曾經好幾次與上司鈴木因意見不合當衆衝突，使鈴木相當不滿，覺得面子掛不住。

看來，說服木村「跳槽」的可行性相當高。不過，田中也知道，這不是一件小事，必須拿出更直接、更具衝擊的第一手資訊，否則木村未必會答應。

於是，田中決定使出絕招，設法買通一名負責打掃會議室的清潔工，要他把竊聽器安裝在桌底，然後耐心地竊聽每一次高層開會的討論內容。

好幾個星期過去，終於讓田中竊聽到最有價值的情報——賞識木村的現任總經理即將退休，內定由與木村素有嫌隙的鈴木接下此一職位。

掌握這份情報，田中正式與木村展開接觸，果不其然，木村了解到現有工作已無太大發揮空間，且未來日子必定更加難過之後，馬上做出跳槽的決定。

無論是想要說服他人、擬定計劃，或打敗敵人，「資訊」的蒐集都十分重要，可以發揮決定性作用。在競爭激烈、瞬息萬變、交流頻繁的商場，搜羅並掌握正確的資訊，往往能發揮鉅大的價值。

商戰筆記

• 商場競爭激烈，變化快速且複雜，所以掌握人才與正確資訊相當重要。手中所擁有的優勢若發揮得當，價值將難以估計。

# 推銷具人性，溝通零距離

相較於一般傳統、單向且半強迫的推銷，更具彈性與人性的新模式拉近了雙方的心理距離，也使溝通更形順暢。

在一般人的印象中，所謂推銷商品直銷，都是透過業務員登門拜訪，以求將商品銷售出去。

不過，越來越多顧客都希望能感受到尊重，希望自己的需求確實被傾聽，而非只能被動接受單方面的半強迫性推銷。因此，在銷售產品之時，越來越需要考量人性與彈性。

日本東京有一家美容保養品公司，採用的銷售方法十分新鮮有趣。它與一般的商品推銷不同，將流程劃分爲兩個步驟進行——由推銷員負責開發新市場、爭取新客戶，美容師則負責其後的眞正銷售與收款工作，類似於售後服務，與客戶建立並維持長期的良好互動關係。

首先，由推銷員帶著專業的皮膚測試儀器出馬，登門拜訪客戶，表示願意提供免費的膚質測試。

有「免費」的服務當作誘因，自然比一般推銷更受歡迎，專業化的檢測手段聽來也頗具可信度。此種推銷手法，頗有增強說服力的效果。

普遍來說，每個人都希望自己能擁有健康漂亮的皮膚，因而在接受測試後，絕大多數愛美的女性會詢問與皮膚保養相關的種種問題，期望得到一些建議。這時，推銷員便以美容諮詢家的身分，向顧客推薦合適的保養品，並將檢驗結果歸納成記錄檔案。

若顧客表現出興趣，緊接著，就由專業美容師登場，針對不同顧客的個別需求，進行跟蹤服務與收款工作。

如此的推銷方式推行一段時間後，公司的銷售業績便有了明顯上升。

運用創新且完善的推銷方式，通常能達到不同一般的效果。相較於一般傳統、單向且半強迫的推銷，這種新模式顯然更具彈性與人性，不僅讓顧客產生較強的信任，拉近了雙方的心理距離，也使溝通更形順暢。

## 商戰筆記

- 顧客都希望能感受到尊重，希望自己的需求確實被傾聽，而非只能被動接受單方面的半強迫性推銷。
- 貪小便宜是人之常情，因此若有「免費」兩字當誘因，推銷必定可以進行得更加順利。

# 抓住對手的短處，就能喧賓奪主

秉持正確態度，也就是以積極取代消極，化被動為主動，才能扭轉一切不利於己的情勢，進而取得控制全局的力量。

創業至今已有兩百多年歷史的英國葛蘭素藥廠，是世界第二大藥廠，在全球擁有七十多家公司和分廠，產品遍及一百五十多個國家和地區，且無論處在何地，都是備受信賴、銷量出色的知名成藥。

那麼，是否感到好奇？成功縱橫市場多年，究竟是靠著哪一點過人之處呢？

葛蘭素藥廠之所以能夠從一家傳統、老牌的公司，轉而成爲持續增長且享譽國際市場的跨國企業，最大成功秘訣，就在於秉持著敢於冒險的經營策略。

這種企業精神，完全體現在葛蘭素藥廠打入美國市場的過程。

當時，美國是世界上最大的西藥市場，一直以來便有多家歷史達百年以上、實力雄厚的藥廠彼此競爭，新加入者想要再分一杯羹，並非易事。然而，葛蘭素藥廠卻憑藉獨特的經營方式，呈現出跌破所有專家眼鏡的優異成績，不僅在極短時間內站穩腳跟，還以「善胃得」（治療消化道潰瘍的藥物）完全佔領了腸胃藥市場。

葛蘭素藥廠進入美國後，先兼併一家當地的小型藥廠，有效納入現有資源，徹底瞭解市場情況。緊接著，爲了讓自身成爲道地的「美國公司」，與在地文化完全融合，高層再充分授權小藥廠的美方負責人，以達到決策快速靈活的優勢。

下一個目標，葛蘭素藥廠決定與當地排名前十名的瑞士羅士藥廠合作，結合羅士藥廠優異完善的業務代理和行銷網路，銷售自產藥品。

當時，絕大多數製藥商與他人合作時，採取的做法是把藥品商標權出借，再委託銷售，簽定利潤分享等相關合約。但葛蘭素藥廠卻反其道而行，完全打破現有習慣，採取垂直組合經營型態，從原料生產、研究開發、成品製造到發貨行銷，完全制度化掌控，不假手經銷商，以保證產品品質穩定，並及時蒐集最新資訊。

正因如此，「善胃得」藥品才能脫穎而出，成爲美國市場的「明星藥品」。

英國葛蘭素藥廠在將產品打入美國市場前，首先採用「兼併」絕招，具體把握整個美國藥品市場的一舉一動，全面收集最確切可信的情報。

接著，葛蘭素藥廠所規劃的一連串詳細市場預測調查，掌握了消費者需求、喜好，以及最新趨勢。由此能循序漸進，最後一舉奪佔鰲頭。

成功最重要的關鍵，不在於資本多雄厚、歷史多悠久，而在於掌握消費重點，抓住對手的短處，以己之長，克彼之短。同時，秉持正確態度，以積極取代消極，化被動爲主動，扭轉一切不利於己的情勢，進而取得控制全局的力量。

## 商戰筆記

- 進入陌生環境，打入全新的市場之前，最好可以先找個對象替自己「探路」，不僅節省力氣，也可以用更短的時間融入環境。
- 唯有主動出擊才可能開創新局，若是太過被動，就注定只能挨打。

# 第25計 偷樑換柱

【原文】

頻更其陣，抽其勁旅，待其自敗，而後乘之。曳其輪也。

【注釋】

頻更其陣：頻，頻繁、不斷地。其，指示代詞，這裡是指的敵軍。陣，古代作戰時用的陣式。

勁旅：精銳部隊、主動部隊。

乘之：乘，乘機。乘之，這裡是指乘機加以控制。

曳其輪：曳，拖住。這句話出自《易．既濟．象》：「曳其輪，義無咎也。」意思是說：只要拖住了車輪，便能控制車的運行，這是不會有差錯的。

【譯文】

頻繁地變動敵人的陣容，抽調開敵人的精銳主力，等待它自行敗退，然後乘機取勝。這就好像拖住了大車的輪子，使大車不能運行一樣。

【計名探源】

偷樑換柱，指用偷換的辦法，暗中改換事物的中心，以達到蒙混欺騙對方的目的。「偷天換日」、「偷龍轉鳳」、「調包計」，都是同樣的意思。用在軍事上，指對敵作戰時，反覆更換其陣容，藉以削弱其實力，等待它一敗塗地之時，將其全部控制。此計中包含爾虞我詐、乘機控制別人的權術，也常運用於政治謀略和外交謀略。

秦始皇統一天下後，自以爲江山永固，基業可以子孫萬代相傳。由於他自認身體還不錯，一直沒有確立太子，指定百年之後的接班人，致使後牆起火。

當時，宮廷存在著兩個實力強大的政治集團：一個是長子扶蘇、蒙恬集團；一個是幼子胡亥、趙高集團。

扶蘇恭順好仁，爲人正派，在全國有很高的聲譽。秦始皇本意欲立扶蘇爲太子，爲了鍛鍊他，派他到著名將領蒙恬駐守的北方爲監軍。至於幼子胡亥，早被嬌寵壞了，在宦官趙高教唆下，只知吃喝玩樂。

西元前二一〇年，秦始皇第五次南巡，到達平原津（今山東平原縣附近），突然一病不起。此時，他知道自己的大限將至，連忙召丞相李斯，要他傳密詔，立扶蘇爲太子。然而掌管玉璽和起草詔書的宦官頭子趙高早有野心，看準了這是難得的機會，故意扣壓密詔，等待時機。

幾天後，秦始皇在沙丘平召（今河北廣宗縣境）駕崩。李斯怕太子回來之前政局動盪，所以密不發喪。

趙高特地去找李斯，告訴他：「皇上策立扶蘇的詔書，還扣在我這裡。現在，立誰爲太子，我和你就可以決定。」狡猾的趙高又對李斯講明利害，「如果扶蘇做了皇帝，一定會重用蒙恬，到那個時候，丞相的位置你能坐得穩嗎？」

這一席話說動了李斯，二人於是合謀，製造假詔書，賜死扶蘇，殺了蒙恬。

趙高未用一兵一卒，只用偷樑換柱的手段，就把昏庸無能的胡亥扶上帝位，爲自己今後的專權打開了通道，也爲秦朝的滅亡埋下禍根。

# 用心機捕捉機遇

看不見機遇，就抓不住機遇。即使機遇到來，也必定瞻前顧後，無法下定決心，結果徒然浪費掉千載難逢的時機。

成功學大師拿破崙．希爾曾說：「想要成功，就要適時抓住時機，儘量利用一切可能的機會採取行動。」

善於發現機遇、捕捉機遇的人，總是懂得利用機遇，施展自己的宏偉藍圖。世界著名的企業家阿曼德．哈默的成功之道，便能印證這個道理。

阿曼德．哈默的祖先是俄國籍猶太人，曾以造船為生，後因經濟拮据，於一八七五年移居美國。他的父親是個醫生，兼做醫藥買賣。哈默是三個兄弟中最不聽話、但卻最富於創造精神的一個。

十六歲那年，哈默看中了一輛正在拍賣的雙座敞篷二手車，但標價卻高達一百八十五美元，這個數字對哈默來說非常龐大。儘管如此，他仍然不肯就此放棄，便向在藥店工作的哥哥哈里借款，買下了這輛車，並用它為一家商店運送貨物。

兩週以後，哈默按時如數還清了借款。

儘管這第一筆交易與後來的生氣比起來根本不算什麼，但當時對他來說卻已屬於「鉅額交易」，在這次經驗中，哈默充分運用自己的競爭能力和獨創賺錢途徑的本領，達成了目的。

第二次世界大戰期間，美國人民的生活水準顯著地提高，吃牛肉的人越來越多，但優質牛肉在市場上非常少見。當時已成為大公司主管的哈默見狀，迅速在自己的莊園「幻影島」上興建一座牧場，用十萬美元的高價買下當時最好的一頭公牛「埃里克王子」。

「埃里克王子」就像一棵搖錢樹，為他賺進幾百萬美元，哈默也從此由門外漢變為畜牧業公認的領袖人物。

哈默自從接管了經營不善，當時已處於風雨飄搖之中的西方石油公司之後，開

始熱衷於石油開發事業。

當時，有一家德士古石油公司，曾在舊金山以東的河谷裡探勘天然氣，鑽頭一直向下鑽了五、六百英尺，仍然見不到天然氣的蹤跡。這家公司的決策者認爲耗資過鉅，再深鑽下去很可能徒勞無功，決定鳴金收兵。

哈默評估這口廢井有三十%的風險，七十%的成功率，便帶著妻子和公司的董事們來到這裡，在被判「死刑」的枯井上架起鑽探機，繼續往下深探，結果在原來基礎上，又鑽進三千英尺時，天然氣噴發而出。

後來，哈默多次成功地運用這個威力無窮的原理，得到不少利益。

他聽說舉世聞名的埃索石油公司（ESSO）和殼牌石油公司（SHELL），在非洲利比亞由於探油未成功而拋棄下不少廢井，便帶領大隊人馬前往非洲，以「願意從利潤中抽出五十%分紅」的條件，成功租借了被拋棄的兩塊土地，很快又找出了九口自噴油井。

看不見機遇，就抓不住機遇。即使機遇到來，也必定瞻前顧後，無法下定決心，結果徒然浪費掉千載難逢的時機。

機遇總是隱而不顯，需要用心去尋找。而尋找機遇，就如同寫作的人尋找素材和創作契機，如果沒有識別能力，思維遲鈍，縱使近在眼前也看不見。所以，培養識別機遇的能力非常重要。

在商業活動中，如果無法在時機來臨之前洞燭先機，在機會消逝之前果斷採取行動，那麼就注定與幸運之神失之交臂。

## 商戰筆記

- 機遇並非唾手可得，需要用心主動探索追尋，一發現有機可乘就要果斷行動。
- 培養鑑別機遇的能力非常重要，一旦發現機遇，就應該緊緊掌握，快速而準確地做出決策。

# 顛覆傳統就有新的收穫

人們的頭腦常被既定的觀念和習慣常規禁錮著，如果試著進行反傳統習慣性的逆向思維，將能發現許多新鮮的事物。

古希臘神殿中，有一尊可以同時看往兩個方向的兩面神，國外的思維科學研究者由此引申出「兩面神」思維法。運用這種創造性的雙向思維方法，往往可以別開生面、獨樹一格，獲得意想不到的發現或創新。

公司想要取得勝利，只有創新、創新、再創新，這是競爭的一個重要策略。至於要展現創新的成果，就要做到別人尚未想到的、別人尚未行動的，使自己的想法與眾不同。

有一次，日本SONY公司名譽董事長井深大去理髮，邊理髮邊看電視，但透過鏡子看到的電視圖像是相反的，於是靈機一動：「如果製造反畫面的電視機，那麼在鏡子裡不就能看到正畫面了嗎？」

他提出研究計劃，成功研製出反畫面電視機，不僅可以供理髮廳的顧客一邊理髮一邊觀看，而且還可讓病人舒服地躺在床上，透過天花板上的鏡子收看電視，甚至在乒乓球訓練中，讓右手握拍的運動員透過反畫面電視機，借鑑左手握球拍運動員的球藝。

世界上的事物是千變萬化的，但是人們的頭腦常被既定的觀念和習慣常規禁錮著。如果試著進行反傳統習慣性的逆向思維，將能發現許多新鮮的事物，開發許多創新的產品。

例如，電能生磁，磁能不能反過來生電呢？

反向思維的結果，法拉第發明了世界上第一台發電機。法拉第的老師大衛則想，利用化學作用可以產生電，爲什麼不可以反過來用電去引起化學反應呢？後來，他用電解法發現了七種元素。

世界就是這麼奇妙，有時一正一反的東西，竟可結合成一個美妙的新事物，正如面朝著兩個方向看的兩面神一樣。如果善加運用逆向思維，把兩種不同的東西結合起來，往往能產生美妙的結果。

## 商戰筆記

- 事情往往不會只有一個面向，別總是只會進行單向思考，試著多從幾個不且角度切入，應該會更有收穫。
- 思考僵化就難有創新，而創新正是商業競爭中不可或缺的條件。

# 釋出善意，擴大自己的勢力

以誠對待，代理商感受到善意，自然會更願意協助銷售產品。如此一來，就等同擴大了自己的勢力。

放眼全日本，銷售家用電器的商店約有五萬家，其中約有三萬家隸屬於松下系統，若將範圍擴及全世界，松下的代理商店更是不計其數。

很明顯的，代理商都非常願意與松下進行業務往來，這是爲什麼呢？除了產品價廉質優，口碑與銷售成績均亮眼之外，還有別的原因嗎？

想要了解其中奧妙，得將時間點拉回到許多年前，從松下電冰箱終於向國外出口開始說起。

當時，貨物出口到香港，但當地代理店收到貨後，發現包裝早已破損，看來亂七八糟，賣相非常糟糕。破爛的包裝必定有損商品給顧客的印象，且不方便提貨和運輸，可以預見銷售成績必定不會好。

代理商相當著急，立刻派代表前往松下總部所在地大阪，與負責人見面。對此狀況，松下公司十分重視，聽完對方的陳述後，當即坦然承認包裝疏失，表示願意承擔由此產生的一切損失與責任。

後來，這家香港代理商成了松下公司最忠實的盟友之一。

無論是哪一種關係，歸根究柢，都不可能免除「人」與「人」之間的聯繫。松下公司最難能可貴之處，就是讓人感受到人際互動之間的溫暖，遠勝於其他公司。無論代理商提出何種要求，或者對產品品質、價格表示意見，甚至批評，松下公司必定能做到以和藹、親切的態度回應。

之所以這樣對待下游代理商，是因爲松下公司深深明白一個道理：代理商是大企業與顧客之間的溝通橋樑，如果不加以支持，他們就會倒向競爭對手陣營，帶走顧客與市場。

此外，因爲時時刻刻接觸顧客，代理商往往比企業主更瞭解市場眞正需求、行情，和他們建立密切夥伴關係，可以得到許多有用資訊，包括銷售情報、各類商品價格、銷路順暢與否、市場競爭形勢以及其他狀況等。

以誠相待，以信相交，不吝惜給予慷慨支持，代理商感受到善意，自然會更願意爲企業效力，協助銷售產品，如此一來，就等同擴大了自己的勢力。

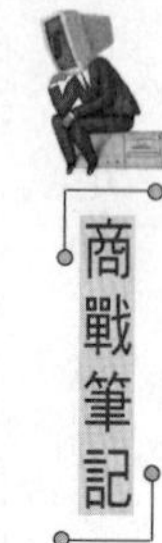

商戰筆記

- 千萬不要怠慢代理商，企業難以真正站上第一線與顧客互動，必須要透過它們作為中繼，因此代理商的態度對商品的銷售可能產生很大影響。
- 讓代理商感受到誠意，他們自然會更願意努力，無形之間，也等同擴大了企業的勢力範圍，百利而無一害。

# 人才如錢財，多多益善

人才為致勝之本，身為高明的經營領導者，不僅要善待現下已有的人才，還要設法吸納更多能人為己所用。

綜觀當今競爭激烈的商場，要取得勝利、壓倒對手，必須具備高水準的科學技術，而高水準的科學技術是人的智慧的結晶，所以開發、吸收和利用人才便顯得極其重要。

美國能夠長期位居世界強國之首，除了因爲本身優越的自然條件與資源，更奠基於擁有大批一流人才，因此不斷研發出獨步全球的科學技術。

除了自力培養，美國還善於引收、網羅世界各地人才，吸引人才之法有二：一是給予高薪，二是提供良好的研究條件。

爲了引進國外人才，政府還針對移民法進行修改，對於已有成就的科學家，不考慮國籍、資歷和年齡，一律允許並鼓勵移民定居美國。

根據統計，美國教育與科技領域中，外國科學家與工程師所佔比例相當大。這些外國人才的加入，對科技發展究竟有多大貢獻呢？不妨看看以下統計。

美國國家科學基金會做過調查，全國有半數以上從事高技術產業的公司聘用非美裔科技人才，比重甚至高達九十％。

於矽谷工作的科技人員，有三十三％是外國人。放眼從事高科技研發工作的衆多博士後研究生，外國人佔六十六％。在全美境內各知名大學，幾乎都可以看見來自不同國度的教授、系主任。太空總署（ＮＡＳＡ）中，爲太空探索行動出謀劃策者，也絕對不乏外籍專業人才。

由於大量吸納國外人才，爲美國節省了將近兩百億美元的教育、培養費用。更重要的，他們的加入還對經濟發展扮演了重要作用，僅歐洲各國移入科學家所做出的貢獻，便爲美國增產近三百億美元。

正因爲廣招天下人才，美國科技研發的腳步才得以領先世界。放眼世界各國，美國引進、培養的科技人才最多，取得的成果也最豐厚，年年頒發的諾貝爾各獎項，幾乎有一半為美國所得。

透過科技高度發展帶動經濟繁榮，美國自此穩居霸主寶座，成為最富裕、強大的國家。人才為致勝之本，這個道理放諸任何領域皆然。身為高明的經營領導者，不僅要善待現下已有的人才，還要設法吸納更多能人為己所用。

## 商戰筆記

- 做任何事情都要從宏觀、長遠的角度考量，不被眼前一時的蠅頭小利蒙蔽，不為現下一時必須的投資或小損失嚇得停止腳步。
- 人才是一種無形資產，規劃得當，可以發揮較金錢更遠大的效果。吸納得越多，企業本體實力就越豐厚、強大。

# 全方位提升自己的實力

強大的廣告攻勢、龐大的營銷網路、全方面的人才培育規劃，正是企業憑藉以獲得成功的三大支柱。

資訊與資本都很重要，但不可否認的，從企業的長遠發展角度來衡量，對人才的培育與正確運用更爲重要。

中國「海南椰風食品飲料公司」的崛起，就是一個最好的例子。

成立不過短短數年，海南椰風食品飲料公司便異軍突起，將年產值由原先的一百五十萬元提升至三十億元。驚歎之餘，人們不禁要問，究竟是憑藉著什麼，使椰風公司創造出如此輝煌的業績？

答案是：除了大膽投入廣告營銷，便是不落俗套、獨樹一格的人才培養策略。

早在飲料生產線正式運作之前，椰風高層便從城裡招募了一批年輕工人進行技術培訓。公司總部建在距海南島最大城——海口市三十多公里遠的南渡江畔，沒有繁華的街市，缺少娛樂與刺激，加之生活規範死板、枯燥，沒有多久，這些來自城裡的年輕人便開始感到不耐，不僅遲到、早退、擅離職守現象嚴重，抽煙、喝酒、賭博、打架鬥毆等事件也接連發生。

眼見狀況越發不妙，公司決策者意識到必須設法改善，站在長遠發展的角度來看，光有先進的技術和設備仍不夠，還要培養出一批高素質的管理與執行人才。

經過評估，他們決定投入鉅資成立「椰風企業形象培訓中心」，對員工進行培訓。聘任的授課者都是知名專家或教授，所有員工都必須輪流接受為期三個月的培訓，培養正確市場觀念、競爭觀念，了解並發揚企業精神。

這項計劃效果相當良好，很快扭轉了不良態度與風氣，該企業領導者決定繼續於人才培育上施力。不久，「飲料技術學校」成立，開設包括食品加工技術、飲料專業、食品衛生及營銷、廣告、公共關係、財務會計等專業課程，並聘請具有豐富專業學識的教授前來講課。

除了建立完善的教育與再進修系統，提升員工素質，進行人才發掘與培育，海南椰風還透過對員工的尊重、理解和關心，提升他們的積極性。

只要一走進海南椰風，立刻可見一張張自信、充滿朝氣的臉，表現出大方、禮貌的友善態度，散發著昂揚向上的蓬勃生氣，儼然成為企業的一大招牌。

以雄厚人才為基礎，再輔以明確發展策略，椰風公司的成績自然蒸蒸日上。

創業之初，高層決策者們經過縝密調查、分析，認為純天然、健康型果汁是當今流行趨勢，配合海南島盛產水果的熱帶氣候，生產無須進口原料的芒果汁最為適合。於是，他們果斷地選擇芒果汁作為主力產品，大量生產、大力推銷，果然因為切合消費者需要，很快地打入了市場。

除了對人才培育具有理想，在硬體設備與技術的提升上，該公司也有過人的遠見，先後引進建成專門製罐廠、製蓋廠、飲料廠。此外，大手筆引進英國、德國最先進的彩印生產技術，實現自力印刷鐵罐的理想。

在產品的銷售上，椰風決策者們更是一改傳統全權委託經銷商的模式，投入銷售額的十％在中國大陸建立十八家分公司和十三家辦事處，以及分佈海內外的一千多個直銷店。龐大卻細密的營銷網路建構完成後，有效減少了繁複的流通環節，降

低了銷售成本。

有人才、有技術、有完善規劃，接著就要讓所有消費者認識產品。每年，椰風公司所投入的宣傳廣告費用都高達上億元人民幣，專攻收視率最高、影響力最大的中央電視台。很快，「椰風擋不住」的廣告便在消費者眼中建立鮮明形象。

強大的廣告攻勢、龐大的營銷網路，以及全方位的人才培育規劃，正是憑藉這三大穩固支柱，使得崛起於海南島的椰風飲料很快佔領了中國市場，並成功打入東南亞。

## 商戰筆記

- 就長遠角度而言，人才培育對企業的影響最為深遠，必須加倍用心。
- 企業想要成功，就要全方位強化自身實力，對於營銷網路的建構、廣告的設計與曝光、人才的吸收運用三方面，全都必須有完整規劃。

# 第26計 指桑罵槐

【原文】

大凌小者，警以誘之。剛中而應，行險而順。

【注釋】

大凌小：大，強大；小，弱小。凌，凌駕、控制。句意為：勢力強大的一方控制勢力弱小的一方。

警以誘之：警，警戒。這裡是指使用警戒的方法。誘，誘導。句意為：用警戒的方法進行誘導。

剛中而應，行險而順：語出《易經．師卦》：「師，眾也；貞，正也。能從眾正，可以王矣。剛中而應，行險而順。以此毒天下而民從之，專又何咎關。」這段話的意思是：「軍隊是由為數眾多的人組成的。人數眾多，必然良莠不齊，必須以正道使之統一，方可稱王於天下。」師卦為坎下坤上，九二為陽、為剛，處於下坎之中位，又與上坤的六五相應，象徵著主帥得人並受到信任，這叫「剛中而應」。但坎卦又為水、為險，坤卦則為地、為順，象徵著主帥要得人信任，需用險毒之舉，方可使士兵順從，這叫做「行險而順」。

【譯文】

強者懾服弱小者，要用警戒的方法加以誘導。威嚴適當，可以獲得擁護；手段高明，可以使人順服。

【計名探源】

指桑罵槐運用在政治、軍事上，與「殺雞儆猴」類似，要以各種政治和外交謀略，「指桑」而「罵槐」，施加壓力配合軍事行動。對於弱小的對手，可以用警告和利誘的方法，不戰而勝。對於比較強大的對手，則可以旁敲側擊加以威懾。

春秋時期，齊相管仲爲了降服魯國和宋國，就運用了此計。他先攻下弱小的遂國，魯國畏懼，立即請罪求和，宋見齊魯和好聯盟，也只得認輸求和。管仲「敲山震虎」，不用付出太大的代價就使魯、宋兩國臣服。

作爲部隊的指揮官，必須做到令行禁止，法令嚴明。否則，指揮不靈，令出不行，士兵一盤散沙，如何能行軍作戰？

歷代名將治軍都特別注意軍紀嚴明，採取剛柔相濟之策，既關心和愛護士兵，又嚴加約束，絕不能有令不從，有禁不止。有時會採用「殺雞儆猴」的方法，抓住個別壞典型從嚴處理，發揮威懾全軍的作用。

春秋時期，齊景公任命司馬穰苴為將，帶兵攻打晉、燕聯軍，又派寵臣莊賈做監軍。穰苴與莊賈約定，第二天中午在營門集合。

第二天，約定時間一到，穰苴就到軍營宣佈軍令，整頓部隊。可是，莊賈遲遲不到，穰苴幾次派人催促，直到黃昏時分，莊賈才帶著醉容到達營門。

穰苴問為何不按時到軍營來，莊賈無所謂地說親戚朋友都來設宴餞行，總得應酬應酬，所以來得遲了。

穰苴非常氣憤，斥責他身為國家大臣，負有監軍重任，卻不以國家大事為重。莊賈以為這是區區小事，仗著自己是國王的寵臣親信，對穰苴的話不以為然。

穰苴當著全軍將士問軍法官：「無故誤了時間，按照軍法應當如何處理？」

軍法官答道：「該斬！」

穰苴立即命令拿下莊賈。莊賈嚇得渾身發抖，隨從連忙飛馬進宮，向齊景公報告情況，請求景公派人救命。

景公派來的使者沒有趕到，穰苴已將莊賈斬首示衆。全軍將士看到主將斬殺違犯軍令的大臣，個個嚇得發抖，誰還敢不遵守將令？

這時，景公派來的使臣飛馬闖入軍營，叫穰苴放了莊賈。穰苴應道：「將在外，君命有所不受。」

他見來使驕狂，又叫來軍法官：「在軍營亂跑馬，按軍法應當如何處理？」軍法官答道：「該斬！」

來使嚇得面如土色。穰苴不慌不忙地說道：「君王派來的使者，可以不殺。」下令殺了他的隨從和三駕車的左馬，砍斷馬車左邊的木柱，然後讓使者回去報告。

穰苴軍紀嚴明，軍隊戰鬥力旺盛，果然打了不少勝仗。

# 用紀律凝聚鬆散的組織

沒有解決不了的難題，是否能達到效果，端看能不能運用更靈活的思想，在釐清現況後，找出最適宜下手的地方。

凡投身商場，就必定想要當個領導者，想要握有權力，可萬一掌管的是個令人望之卻步的「爛攤子」，又該如何是好？不妨看看德州棉紡廠的例子。

在十幾年前，德州棉紡廠算是規模相當大的工廠，擁有近五千名員工，然而生產效率和品質卻都十分不理想，甚至被冠上「癌症企業」的惡名。

當時的狀況究竟有糟糕呢？根據當地人回憶，那時候，大家都稱呼棉紡廠的員

工為「七九一三部隊」，意指清早七點上班，到了九點便想著下班，下午一點吃飽飯懶洋洋回到崗位上，捱到三點便全都翹班不見人影，一天就這樣過去。

眼見如此下去不是辦法，總公司於是指派專人前往接任廠長。

面對這樣一個爛攤子，新廠長並不害怕。上任後，第一件事情就是仔細研究問題產生根源，並從人事制度的改善著手，決心徹底建立紀律。

很快的，第一條新守則正式公佈實施：凡遲到，不問理由，一律罰款三十元，即便身為高階主管也一樣。

最開始，大家都不當一回事，不相信這位新廠長的決心。正好此時有位幹部從外地出差回來，沒有休息便直接趕來上班，但遲到了五分鐘。

新廠長得知後，集合所有員工，公開表示：「出差回來不休息，直接銷假上班，可見一心為工廠努力，應該表揚。但是，既然選擇了銷假上班，就不應該遲到，所以必須受罰。」

這股「狠」勁果然造成震撼，藉著處罰一個人，成功教訓了所有人，取得「殺一儆百」、「殺雞儆猴」的效果。賞罰分明、說一不二的風氣建立後，員工工作態度與整體風氣果然開始好轉，營運終於走上軌道。

沒有解決不了的難題，即便面對的是累積以久的弊病和龐大組織，是否能達到效果，端看能不能運用更靈活的思想，在釐清現況後，找出最有效的方法、最適宜下手的地方。

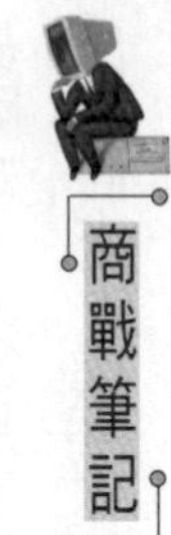

## 商戰筆記

- 無論面對何種困境，都必定能找到最適宜的處理方式，或許乍看難以解決，但只要運用靈活思想，終究會找到突破點。
- 任何一個團體都不能沒有紀律，否則必定如同一盤散沙，無法發揮應有的效能。

# 用「堅持」打造品牌光圈

透過對原則絕不妥協的堅持與落實，即便沒有一句自吹自擂，看在顧客眼裡，已經足夠創造最深入人心的廣告效果。

形象的良好與否，對經營成績有極大的影響。

美國麵包大王凱薩琳．克拉克標榜產品是「最新鮮的食品」，爲了取信於消費者，必定在包裝上註明製造日期，保證絕不販賣存放超過三天的麵包。

起初，這承諾給她帶來不少麻煩和損失，因爲一種產品剛上市時，消費者必定懷著疑慮，銷路不可能馬上打開。如此一來，要嚴格執行「保存不超過三天」的規定就顯得相當困難。

經銷商店大都怕麻煩，也期望儘量減低損失，儘管凱薩琳一再強調過期麵包一律回收，但他們仍不願天天檢查，寧可把過期麵包留在店內繼續販賣。

許多人還抱怨凱薩琳未免太認眞、太吹毛求疵，麵包不容易壞，保存期限可以拉得更長，爲什麼非要堅持三天不可呢？

對此，凱薩琳始終堅持原則，不願有所改變。她認爲，「新鮮」是食物的根本，因此必須嚴格要求，絕對不能放鬆，務求在消費者心中建立起不同於其他人的良好信譽。

針對經銷商提出的問題，凱薩琳也擬訂出一套新辦法——由公司統籌，派人把烤好的麵包用專車直接分送至經銷商處，每三天一輪，送貨同時順便將沒賣完的麵包回收。如果訂量不足需要追加，只要一通電話，馬上補貨上門。

透過這種模式，儘管增加許多負擔，卻解決了經銷商的困擾，並使「超過三天不賣」的原則得以落實，保證了上市麵包的新鮮。

一步步地，凱薩琳建立起口碑，壯大了公司的規模，但眞正得以享譽全國，受到所有人的關注，則導因於一次天災意外……

某年秋天，一場大洪水突然來襲，受災民衆大量搶購乾糧，導致麵包短缺，但由於沒有接到特別指示，凱薩琳公司的外勤人員仍照往常計劃前往各經銷點送貨，

並收回超過保存期限的麵包。

貨車從幾家偏僻商店回收了一批過期麵包，返程途中，停在人口較稠密區的一家經銷店前。沒想到，立刻有一群民眾擁上，將貨車團團包圍，表示要購買車上載運的麵包。

運貨員一聽，急忙表示麵包都已經超過了三天保存期限，不能賣給大家。這個說法不被接受，反倒引來更多人潮，連前來採訪受災狀況的記者也加入。

運貨員慌了手腳，只得更加賣力地解釋道：「各位先生、女士，請相信我，絕不是因爲想要哄抬價格才不賣，實在是公司有明確規定，只要超過三天期限就絕對不准出售。如果被主管知道我把過期麵包賣給顧客，一定會被開除，請大家體諒我的難處。」

儘管一再強調必須遵守規定，但由於那些民眾已經瀕臨斷糧，迫切需要食物，所有麵包最後還是在雙方的「默契」下被「強買」一空。

在場記者們自然不會放過這則獨家，無不著力渲染，以大篇幅報導。「強買過期麵包」成了轟動一時的新聞，連帶著凱薩琳公司所製造麵包的新鮮、態度的誠實無欺，也都在消費者心目中留下深刻印象。

透過對原則絕不妥協的堅持與落實，即便沒有一句自吹自擂，看在顧客眼裡，已經足夠創造最深入人心的廣告效果。

商戰筆記

- 真正聰明的經營者不會花功夫自吹自擂，因為將經營理念落實之後，顧客自會口耳相傳，可以收到更大的廣告效果。
- 對產品品質高度要求，才能禁得起市場一次又一次的考驗。

# 化敵為友，會有驚人的效果

「不要總想著報復，要試著化敵為友」，退一步海闊天空，無疑是頂尖商人應該具備的胸襟。

經商的風險性非常大，因而爲了生存，免不了爾虞我詐。

但是，不管雙方競爭如何慘烈，想要做大事業的人必須學會寬宏大量，即使內心不想原諒這個人，也要試著去原諒他，如此才能締造出雙贏的局面。

羅伯特是加州一間水泥廠的老闆，由於經營重然諾、守信用，多年來生意一直相當好。

但好景不常，前不久，另一位水泥商萊特也開始在加州進行銷售，甚至定期走訪建築師、承包商，並告訴他們：「羅伯特出產的水泥品質不好，財務狀況也不可靠，隨時可能倒閉。」

雖然羅伯特不認為萊特四處造謠真能夠傷害自己的信譽，但是這件麻煩事還使他心生無名之火。

這也難怪，任誰遇到沒有格調的競爭對手都會感到憤怒。

「有一個星期天的早晨，」羅伯特說道：「牧師佈道的主題正好是『施恩給那些故意跟你為難的人』，我當時把每一個字都用筆記了下來。也就在那天下午，萊特那個傢伙使我失去了九份共五萬噸的水泥訂單。但是，牧師卻要我以德報怨，設法化敵為友。」

「第二天下午，當我在安排下週活動行程表時，發現一位住在紐約的顧客為新蓋的辦公大樓下單訂購數目不小的水泥，但他所需要的水泥型號卻不是我的工廠生產的，反倒與萊特生產出售的相同。」

「既然我做不成，你也別想得到！」

商業競爭相當殘酷，往往爭得你死我活，這個商機理所當然應該保密。這是經商之人普遍抱持的心態，更何況萊特四處中傷羅伯特，兩人算是早已結怨。

但羅伯特的做法卻出乎常人意料。

「這使我感到左右爲難，」羅伯特回憶道：「如果遵循牧師的忠告，應該告訴他這筆生意，但一想到萊特曾採用的卑劣手段，我又……」

「最後，我決定聽從牧師的話，也許是想以此事來證明他的錯誤。於是，我拿起電話，撥通了萊特辦公室的號碼。」

可以想像，當萊特拿起話筒，瞬間感到的驚愕與尷尬。

「是的，他難堪得一句話都說不出來，我則是很有禮貌地告訴他，有關紐約那筆生意的事。」羅伯特說：「有好長一段時間，他結結巴巴說不出話來，但很明顯，他是發自內心感激我的幫助。接著，我又答應他，打電話給那客戶，推薦由他來提供水泥。」

「那結果又如何呢？」有人問。

「喔，我得到驚人的結果！從此，萊特不但停止散佈謠言，而且同樣把他無法處理的生意也交給我做。現在嘛！加州所有的水泥生意都被我倆壟斷了。」羅伯特手舞足蹈，喜形於色。

「不要總想著報復，要試著化敵爲友」，退一步海闊天空，無疑是羅伯特在對付萊特的過程中，取得的最寶貴經驗，也是頂尖商人應該具備的胸襟。

## 商戰筆記

• 多一個敵人，不如多一個朋友，這個道理放諸四海皆準，即便是在變幻莫測的商場上也一樣，要試著將競爭對手變成盟友。

# 轉個彎，一樣可以達到目的

與其打沒有把握的仗，或是和實力相當的對手硬碰硬，倒不如暫時忍下來，用迂迴的手段達成目的。

吃了虧應該怎麼辦？一定要和對方撕破臉、罵得臉紅脖子粗嗎？其實不然，古人曾教過我們一個好方法，叫作「指桑罵槐」，讓你無須費太大力氣、無須直接衝突，也能達到討回公道的目的。

不直接與敵手衝突，而設法製造其他事端，巧妙地將注目焦點再引回至對方身上，是「指桑罵槐」一計在商場上的運用。

曾經有這樣一個故事：一位商人打算出遠門做生意，便將家中珍藏的古董放進箱子密封好，埋在院子裡，只將這個秘密告訴一位朋友，然後便離家了。

時間一久，那位朋友竟打起歪主意，動手將古董挖掘出來，替換成一大堆老鼠屎，然後將古董變賣掉，得了一大筆錢。

商人好不容易結束生意返家，發現古董不知去向，立刻怒氣沖沖地向朋友追討。對方早做好心理準備，故作驚訝地說：「哎呀！都不見了嗎？我想一定是老鼠把古董吃掉了吧！」

老鼠會吃古董？放在箱裡的古董可能被老鼠吃到半點不剩嗎？

商人自然明白，一定是朋友偷走了自己的珍寶，但若拿不出證據，就不可能逼對方承認。心念一轉，只見他笑著擺擺手說：「原來如此啊！那就沒辦法了。」毫不在意地離開。

當然，這只是為了降低對方的戒心，暗中等待反將一軍的時機。

不久之後，這名商人再度登門拜訪，並表現得很友善，假意說要買些東西，拉著朋友的小孩一起上街，然後將孩子藏在自己的親戚家裡。

到了晚上，他的朋友不見兒子回來，急匆匆地找上門，問道：「我的兒子為什麼沒有回來？你把他帶到哪裡去了？」

商人一聽，立刻裝出傷心的模樣，擦著眼淚說：「說起來你可能不相信，我帶著他走到河邊，正要過橋，竟突然飛來一隻老鷹，一眨眼就把你兒子叼走了，我根本來不及阻止。」

可以想見，對方當然不相信，又急又氣地大吼：「老鷹怎麼可能叼走我的孩子？你別騙人了！不把人交出來，我就要去告你！」

兩人一路爭執著來到法院，說明事情緣由之後，法官直呼荒謬，厲聲質問商人：「怎麼可能發生老鷹抓走小孩的事情？你究竟把孩子藏到哪裡去了？」

商人見時機已到，立刻反問法官：「爲什麼不可能呢？既然連老鼠都可以咬破厚木箱把古董吃光，老鷹又爲什麼不能抓走小孩？」

法官聽了這話，感到相當納悶，又看見原告的臉色瞬間大變，隨即追問：「這是什麼意思？」

商人便詳細地把古董遭私吞的事情陳述一遍，法官一聽，立刻明瞭實情，馬上主持公道，做出正確判決，爲商人追討回損失。

先製造事端，轉移注意力，再不著痕跡地攻擊自己的眞正目標，上述這個故事，就是「指桑罵槐」的巧妙運用。

與其打沒有把握的仗，或是和實力相當的對手硬碰硬，倒不如暫時忍下來，分析全局後，換個方法，用迂迴的手段達成目的。

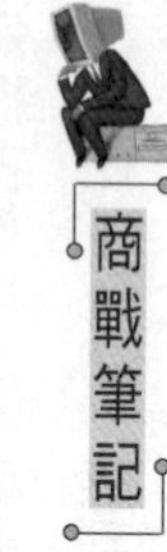

## 商戰筆記

- 遇上困境或挑戰，硬碰硬是最沒有效率的反擊方式，若處理不好，很可能兩敗俱傷，最好避免使用。
- 不直接與敵手衝突，而設法製造其他事端，巧妙地將焦點引回對方身上，是「指桑罵槐」一計在商場上的有效運用。

# 憑穩健步伐打下自己的天下

企業要靠產品生存，正因為商業社會競爭如此激烈，所以想要站得穩腳跟，就要出奇制勝，事事考慮創新。

三洋電機的創辦人井植薰曾說：「世界上沒有任何現成的道路可走，前輩所留下只是一條已經走過的路。人生之路需要自己去開拓，而開拓就意味著不斷地探索，意味著努力排除一切障礙，披荊斬棘，勇往直前。」

基於這樣的信念，一九四九年十二月，井植薰辭去了松下電器公司的職務，一心期望著闖出自己的事業，謀求更大發展。

結束了二十五年的「松下歲月」，井植薰開始了嶄新的「三洋時代」。

人生總有幾次大轉折，井植薰創業之時，日本廣播剛開始走向民營，很有發展前途，他抓住這一機會，從研發打破傳統概念的收音機著手，確立了三洋公司的地位。

經過幾十年奮鬥，三洋電機現在已發展成為擁有數萬名員工，在海外建有近百家分公司和營業所的大型跨國企業。

始終秉持「出奇制勝」精神，這一流傳於中國的古老兵法，正是三洋的成功奧秘——時時刻刻注意主力產品的創造，並努力形成完整系列。但萬變不離其宗，必須不斷滿足大衆永無止境對美好生活的追求，創造更輕鬆便捷的生活方式，並引導消費者接受。

井植薰認爲，企業靠產品生存。商業社會競爭激烈，想要站得穩腳跟，就要出奇制勝。正因爲三洋時時以消費者利益爲前提，事事考慮創新，敏銳地把握正確經營方針，大膽走出「家電四步棋」，所以能將新產品一炮打響，成爲讓所有人刮目相看的黑馬。

三洋電機跨入家電行列的四步棋，就是樹立四種主力產品。藉自身的優異品質打進市場，然後再想辦法將它們塑造成消費者眼中的頂尖商品。

一九八七年八月十三日，井植薰告別人世，享年七十六歲。被日本企業界稱爲「經營之神」的松下幸之助說：「我曾寫過一本名爲《企業家的條件》的書，詳細地論述和描寫了作爲一名優秀企業家所必須具備的全部條件。書成之後，我曾感到，如果用自己所講的條件來衡量一名企業家，其實太過苛求。」

「但是，拜讀完三洋電機株式會社社長井植薰先生的回憶錄後，我猛然醒悟，井植薰先生不僅具備優秀企業家的全部條件，而且還在爲人處世、自我修養方面樹立了令人敬重的典範。我可以毫不誇張地說，自己實際上是在不知不覺之中論述和描寫著井植薰，他就是我心目中最理想的企業家。」

## 商戰筆記

- 經營企業，應該出奇制勝，同時顧及品管與創新，時時滿足消費者的需求。
- 敏銳地擬定戰略，掌握經營方針穩健發展，企業才能走長遠的路。

# 第27計 假癡不癲

【原文】

寧偽作不知不為，不偽作假知妄為。靜不露機，雲雷屯也。

【注釋】

偽作：假裝、佯裝。

靜不露機：靜，平靜、沉靜。機，這裡指心機。

雲雷屯：語出《易經．屯卦》：「雲雷，屯，君子以經綸。」草茅穿土初出叫作「屯」。屯卦爲震下坎上，坎爲雨、爲雲，震爲雷，雲在雷上，說明茅草初出土時，即遇雷雨交加。屯卦有陰陽相爭不寧之象，更意味著事物生長十分艱難，所以說「屯，難也」。面臨這樣的艱難局面，必須冷靜處置，周密策劃，要「經綸運於一心而不動聲色」，要「盤桓安處於下而以屈求伸」，要因勢利導，待機而功，而不可「快意決往，遽求自定以爲功」。

【譯文】

寧可假裝糊塗而不採取行動，也絕不假冒聰明而輕舉妄動。要沉著冷靜，不洩漏任何心機，就像雷電在冬季蓄力待發一樣。

【計名探源】

民間俗語有「裝瘋賣傻」、「裝聾作啞」的說法，假癡不癲就是由此轉化而來，重點在「假」字。

這裡的「假」，意思是裝聾作啞，內心卻非常清醒。此計無論作爲政治謀略還是軍事謀略，都是高招。

假癡不癲之計用於政治謀略，就是韜晦之術，在形勢不利於自己時，表面上製造假象，隱藏內心的眞實意圖，以免引起政敵警覺，暗裡卻等待時機達成自己的目標。用在軍事上，指的是雖然自己具有一定的實力，但不露鋒芒，顯得軟弱可欺，藉此痲痹敵人，然後再乘機給敵人致命的打擊。

# 別忽視消費者的真正需求

市場是很現實的，名氣或者品牌都不是萬靈丹，忽視顧客的真正需求，就必定會為敵手打敗，吞下苦果。

無論企業本身規模多大、實力多雄厚、歷史多悠久，都不可忘記顧客才是眞正能掌控市場的主人。

要是故步自封，被過往的風光蒙蔽，忽略消費潮流演變與顧客需求，必定很快被市場淘汰。

日本「精工集團」的前身，是創建於十九世紀末的日本精工舍，手錶與懷錶部門在一九三七年才正式獨立。

早年，由於無論生產技術或產品品質都沒有達到足以稱雄世界的地步，所以精工錶高層領導人並不急於開拓海外市場，更儘量避免在號稱「手錶王國」的瑞士進行宣傳，以免刺激瑞士鐘錶製造廠商，過早爲自己樹立敵手。

直到一九八〇年代，無論各方面實力都已成熟，精工錶才展開進攻，向世界各大鐘錶廠商宣戰。

既然下定決心搶佔市場，奪取霸主寶座，當然也不能放過瑞士。衡量市場狀況與需求後，精工錶高層很快擬定出一連串計策。

首先，投入鉅資買下日內瓦的「珍妮．拉薩爾」公司，並以此爲根據地，開始向歐美各國銷售「珍妮．拉薩爾」與「精工．拉薩爾」兩種品牌的新款式手錶。由於產品走高價位路線，以黃金鑽石裝飾，極爲豪華搶眼，立刻成功吸引衆人目光，於國際市場引起轟動。

突然冒出的強敵使瑞士老牌鐘錶廠商大吃一驚，措手不及。儘管他們很快便動員所有資源，在世界各地大張旗鼓地展開反擊，拚命穩固市場，以求阻止精工錶的攻勢，重振瑞士手錶的聲響，但受限於過於守舊，被過往輝煌成績蒙蔽，與市場眞正潮流脫節，因而難以打敗精工錶，收效甚微。

市場是很現實的，名氣或者品牌都不是萬靈丹，忽視顧客的眞正需求，就必定會爲敵手打敗，在競爭過程中吞下苦果。

## 商戰筆記

- 無論企業本身規模多大、實力多雄厚、歷史多悠久，都不可忘記顧客才是真正能掌控市場的主人。
- 故步自封，被過往的風光蒙蔽，忽略消費潮流演變與顧客需求，這樣的企業必定很快被市場淘汰。

# 完善的售後服務引來更多客戶

憑藉完善的售後服務，讓使用者對商品建立安全感、信任感，誘發之後連續購買的慾望和行為，成為永久客戶。

美國凱特皮納勒公司專門生產推土機，世界知名，它曾在廣告中說：「凡是購買本公司產品的人，不管在世界的哪一個國家、哪一個地方，保證於四十八小時內送到。如果做不到，所訂購的產品就免費贈送。」

他們果眞說到做到，曾有一次，爲了在時限內把一個價值不過五十美元的零件送到偏遠地區，不惜租用直升機，結果所花費用高達兩千美元。

若是無法在四十八小時內把零件送到用戶手中，就眞按廣告所言，二話不說免費贈送。由於信譽好，這家公司創立數十年，業績至今不衰。

在成熟的商業社會，眞正高明的推銷員必定有道德、富感情，因爲唯有如此，才會注重維持良好的互動關係，同時照顧雙方的利益，使買方滿意。

美國道奇汽車公司以前有個頭號推銷員，名叫史密斯，在客戶間的口碑與風評非常好。

當時，在美國市場，成功推銷出一輛車只能賺幾百美元，且國產車遠不如外國車好賣，但史密斯光一年可以賺數十萬美元，賣的還全是美國貨。

他之所以能獲得成功，究竟憑藉了哪些過人之處？

身爲推銷員，史密斯不僅在交易達成前爲顧客提供周全服務，即便買賣結束，仍會清楚記住每一位老顧客的姓名，並在他們有需要時盡可能給予幫助。這些努力得到不錯的回報，史密斯的顧客幾乎全是回頭客，過往曾跟他買過汽車的人都喜歡找他，或者推薦給親朋好友。

有一次，史密斯接到一位老顧客的電話，說他最近開了一家汽車服務公司，專門負責接送客戶，不巧道奇汽車化油器故障了，附近又找不到備件，鄰近之處也沒有維修廠。

史密斯二話不說，放下電話，馬上動手將展覽室一輛汽車的化油器拆下來，開車親自送過去。之後不久，那位老顧客向他一口氣訂了六十輛廂型車。

以上例子，都是透過完善的售後服務，先有效維持了企業信譽，再以信譽擴大影響，爭取客戶。也因爲有完善的售後服務，讓使用者對商品建立安全感、信任感，進而誘發之後連續購買的慾望和行爲，成爲永久客戶。

商戰筆記

- 可別小看了服務的效果，它可以帶來好口碑，也可以引來的無限商機。
- 完善的售後服務看似額外、不必要的支出，卻有助於建立信譽，而良好信譽正是吸引客戶光顧的最大優勢。

# 誠實也是一種做生意的方式

運用「誠實」謀略，可以打消顧客對商品和企業的不信任感，提升自身形象與買氣，擴大商品的市場佔有率。

在商品的經營、銷售中，最常見現象就是「老王賣瓜、自賣自誇」，對於自己的商品一味自吹自擂。這種操作手法或許在一開始可以收到效果，但時間一久，便會引起消費者的懷疑，甚至反感。

因此，有時候不妨發揮點創意，反其道而行。許多成功的例子告訴我們，若能面對現實，勇於揭露商品存在的不足，反倒更能贏得消費者的信任。

亨利·霍金斯是美國亨利食品加工公司的總經理，有一回，他竟從報告單上發現一件驚人事實——自己公司所生產的食品配方中，包括某種性質特殊的防腐劑，長期食用可能對身體有害。

這使他非常困擾，如果不使用防腐劑，可能影響食品鮮度，但若繼續使用並向大衆公佈，又怕激怒同行並引起恐慌，當作不知道又感到良心不安……經過審愼考慮之後，他終究決定向社會大衆公佈。

果不其然，這個舉動掀起了軒然大波，不僅輿論議論紛紛，其他食品加工公司的老闆也聯合進行抵制，使用一切手段反撲，指責他別有用心，想藉著打擊別人來抬高自己。

這場風波延續近四年，但亨利公司成功熬了過來，不但沒有被擊倒，反而更加壯大。爲什麼呢？因爲透過坦誠，儘管損失部分商機，卻贏得了社會大衆與政府相關單位的一致信賴與好評。

藉此，亨利公司更上一層樓，營業額與銷售量都躍居美國食品加工業第一。

還有另一個原理相近的例子，運用手法則更見巧妙。

瑞士號稱鐘錶王國，有大大小小無數家錶店。其中一家錶店因爲規模不大，商品也知名度也不夠，始終冷冷清清，沒什麼生意，相當慘澹。

某天，店門口突然貼出一張海報，以簡潔的大字寫著一句話：「本店手錶不太精準，平均每二十四個月慢二十四秒。」

廣告貼出，結果跌破眾人眼鏡，錶店反倒門庭若市，擠滿觀光客，將原先庫存積壓的手錶搶購一空。

只要自身產品有一定品質保證，那麼，大可以放心地運用這種經營謀略，打消顧客對商品和企業的不信任感，超越單純買賣關係，拉近彼此距離，藉以提升自身形象與買氣，擴大商品的市場佔有率。

商戰筆記

- 正因為商場總是難脫爾虞我詐，所以用「誠實」形象出現在顧客面前，反倒可以很快地脫穎而出，留下深刻印象。
- 當然，在採用「誠實策略」之先，請務必確定自己的產品具有一定水準。

# 知己知彼，小蝦米也可以吃掉大鯨魚

以小搏大的取勝秘訣在於知己知彼，從而揚長避短，並輔以對市場脈動的切實掌握，「小蝦米吃掉大鯨魚」將不是夢想。

商場競爭快速且激烈，勝負往往只在轉眼間，因此對於那些實力尚不雄厚，無力抵禦市場劇烈風險變化的小型企業來說，穩紮穩打、步步為營，不失為值得採行的策略。

中國某家電器廠創業初期僅有三百餘名員工和八十萬元人民幣固定資產，生產設備遠遠不及幾個知名大廠，無論主客觀情勢都處於相當不利位置。

認眞地分析了形勢與自身處境之後，廠長認爲，想要與那些知名廠牌競爭，想要奪得一席之地，求取生存空間，絕不能跟著走上擴充設備、增加投資的道路，因爲自身本錢嚴重不足，必定免不了一敗塗地。

他認爲，突破困境之前，必須先找出正確方向，確實做到「揚長避短」。首先，應該全力提升生產技術，接著聯合鄰近廠商，結成合作關係，進行技術交流，協同製造零件。

如此一來，既保證了產品的品質，又能夠在較短時間內形成大規模生產能力，可謂一舉數得。

接下來，爲了贏得顧客，拓展銷路，他們進一步規劃展開了市調活動，將全國劃分爲十個大區，由科長以上層級主管帶隊，組成小組，實地走訪各區，同時進行調查、宣傳、服務、銷售等各項工作。

透過對每一地區的氣候概況、顧客需求等逐項進行詳細調查，掌握大量第一手資訊之後，便可根據用戶心理、風俗習慣，擬定更貼近市場的銷售方案。

很快的，該電器廠的業績獲得顯著提高，一步步從地方小廠向上攀升，最終，如願成爲享譽全國的知名大廠，受市場肯定。

由這家電器廠的案例可以知道，以小搏大的取勝秘訣在於先知己知彼，從而揚長避短，並輔以對市場脈動的切實掌握，步步爲營推進下，「小蝦米吃掉大鯨魚」將不是夢想。

## 商戰筆記

- 「知己知彼，百戰百勝」雖已是一句眾人皆知的兵法名言，套用在任何領域都有一定的實用性，包括商場。
- 只要懂得掌握市場脈動，應用正確方法，以小搏大並非不可能的事。

第28計

# 上屋抽梯

【原文】

假之以便，唆之以前，斷其應援，陷之死地。遇毒，位不當也。

【注釋】

假之以便：假，假給。便，便利。

唆之以前：唆，唆使，這裡引伸爲誘使。

死地：古代兵法用語，指進則無路，退亦不能，非經死戰難以生存之地。

遇毒，位不當也：語出《易經．噬嗑卦》。噬嗑卦爲震下離上。震爲雷，離爲火、爲電。雷電交加，有威猛險惡之象。又，噬嗑卦爲以柔居剛，故不當位，更顯形勢嚴峻。噬嗑的本意爲食乾肉，「乾肉雖小而堅，不易噬者也。強欲食之，則不聽命而必相害」。運用於軍事上就是，因貪圖小利而盲目進軍是有很大的危險的，如果硬要強行進軍，必將陷於危險的死地。

【譯文】

故意露出破綻，給敵人提供方便條件，誘使敵人深入我方陣地，然後切斷其前應與後援，使其陷入絕地。敵人急功圖利，必遭禍患。

**【計名探源】**

此計用在軍事上，是指利用小利益引誘敵人上當，然後截斷敵人的後路，以便將敵人圍殲的謀略。

敵人一般不是那麼容易上鉤的，所以使用誘敵之法時，應該先安放好「梯子」，故意給對方方便。等敵人「上樓」，即可拆掉「梯子」，圍殲敵人。

要如何安放梯子，很有學問。對貪婪之敵，用利誘之；對驕傲之敵，則以示我方之弱來迷惑對方；對莽撞無謀之敵，則設下埋伏，使其中計。

總之，要根據情況靈活運用，誘敵中計。

《孫子兵法》中最早出現「去梯」之說。《九地篇》說：「帥興之期，如登高而去其梯。」意思是把自己的隊伍置於死地，進則生，退則亡，迫使士卒同敵人決一死戰。

如果將這兩層意思結合起來運用，一定能取得事半功倍的效果。

# 壓力正是激發創意的動力

積累智慧，同時又不斷遭遇困難與責任，面臨挑戰。說穿了，人就是因為被逼到極限狀態，才可能產生不平凡的創意。

投資專家邱永漢曾經寫道：「從事任何事業，除了必須具備八〇%的商業知識之外，尚須具備二〇%的獨特創意。」

生意成功與否，完全取決於這個生意是否具備別人所沒有的創意，就算是在衆人眼中不怎麼起眼的小生意，往往也會因爲加入了別人想都沒有想到的創意，而成爲一個可以日進斗金的致富商機。

身爲明智的企業領導者，會給員工寬廣的發揮空間，否則他們將無法貢獻出自己的創意和潛力。

讓員工自由發揮不代表完全放任，適時施加的壓力往往是促進員工激發更多創意的動力。

日本的「本田技研」不僅是知名汽車製造大廠，更是一家富挑戰精神的企業，也因此，在喚起員工的創造意識方面，向來採用積極做法。

爲了攻佔市場，本田打破了傳統的製造汽車常規，研發出「高而短」的奇異車種——City，頗受消費者喜愛。更令人感到驚異是負責開發的設計小組，平均年齡只不過二十七歲。

研發計劃展開前，公司高層曾與他們約定，絕不干涉設計小組的任何做法。但這不是自由放任，而是使他們肩負更大責任的授權。

對這種不同於一般公司的奇特作風，企業負責人曾經表示：「平常對員工要嚴格管制，但有時也要稍微放鬆，給他們表現自己的機會，如此，才可能激發出獨特創意。」

「讓他們一直積累這些智慧，同時又不斷遭遇困難與責任，面臨挑戰。說穿了，就是先讓人上樓，然後拿掉樓梯，再從下面放一把火，逼他自行設法跳下來。如果下不了樓，這個人就很難有長進了。」

人往往被逼到極限狀態，才可能產生不平凡的創意。的確，壓力正是激發創意的最佳動力，採用這種方法，才能使有心上進員工的潛能得以完全發揮出來。許多人在評論「本田技研」這種作風之時，都難掩讚嘆地說道：「這是叫人上樓，然後拿掉樓梯，還要從下面放一把火的方法。雖說很絕，但實在巧妙！」

商戰筆記

- 明智的企業領導者，會給員工寬廣的發揮空間，賦予創造意識，否則他們將無法貢獻出自己的潛力。
- 讓員工自由發揮，並不代表完全放任，適時施加的壓力往往是促進員工激發更多創意的動力。

# 用高額獎金讓消費者欲罷不能

巧妙運用宣傳手法，以單價昂貴的贈品吸引買氣，讓消費者為了寶物而欲罷不能，熱潮的背後卻是商人名利雙收。

一九八〇年，英國人基特．威廉姆斯（Kit Williams）創作出版了一本名爲《化妝舞會》的兒童讀物，要小讀者根據書中的文字和圖畫猜出一件「寶物」的埋藏地點。「寶物」是一隻作工極爲精巧，價格非常昂貴的金質野兔。

這本書經過市場流傳再加上媒體宣傳渲染之後，儼如一陣旋風，不但數以萬計的青少年爲之瘋狂，各個不同年齡層的成年人也對此懷著濃厚的興趣。讀者們從自己在書中得到的啓示，在英國各地進行尋寶。

此書出版兩年多後，英國的土地上留下了無數被掘的洞穴。最後，由一位四十八歲的工程師在倫敦西北的淺德福希爾村發現了這隻金兔子，一場浩浩蕩蕩的群衆尋寶運動才告終。這時《化妝舞會》已銷售了兩百多萬冊。

《化裝舞會》出版四年之後，經過精心構思，威廉姆斯又出新招，這次是一本僅三十多頁的小冊子，內容關於一個養蜂者和描述一年四季的變化，並附有十六幅精製的彩色插圖。書中的文字和幻想式的圖畫隱含著一個深奧的謎語，那就是該書的名字。

此書於全球七個國家同步發行，是一本獨特的、沒有書名的書。作者要求不分國籍的讀者猜出該書的名字，猜中者可以得到一個鑲著各色寶石的金質蜂王飾物。不過，猜書名的辦法與衆不同，不是用文字寫出來，而是將自己的意思，透過繪畫、雕塑、歌曲、編織物，或者是烘烤烙餅的形狀，甚至編寫成電腦程式暗示書名，威廉姆斯會從讀者寄來的各種實物中悟出讀者們所要傳遞的資訊，再將其轉譯成文字。

謎底並不艱澀，只要細心讀過小冊子，十之八九都可以猜出，但只有最富想像力的猜謎者才能獲得大獎。開獎的日期定爲該書發行一週年當天，屆時威廉姆斯將從一個密封的匣子裡取出那唯一一本寫有書名的書，書中就藏著那隻價值不菲的金

蜂王。

不到一年，該書發行了數百萬冊，獲獎者是誰倒鮮爲人知，威廉姆斯本人卻早已成了世界知名人物。

巧妙運用宣傳手法，就能締造意想不到的奇蹟。以單價昂貴的贈品吸引買氣，讓消費者爲了寶物而欲罷不能，熱潮的背後卻是商人名利雙收，威廉姆斯的暢銷書就是這種宣傳手法效用的最佳的見證。

## 商戰筆記

- 宣傳手法是商品行銷的重要環節，越特殊的噱頭往往越能出奇制勝，吸引消費者瘋狂追逐。
- 敢冒險砸下重本，抓準消費者的心態，就能創下銷售佳績。

# 挑戰風險才能不斷晉級

高風險即是高收益，若是不敢承擔風險，害怕面對可能失敗的打擊，那麼永遠只能經營小規模的事業，無法成就大事業。

高利潤往往背負著較高的風險，挑戰高風險的同時，也往往可以獲得較高的收益。爲了完成了更宏大的企圖心，爲了賺取更多的利潤，成功的企業家絕不會貪戀安逸平穩，而是選擇揚起企業的大帆，頂著挑戰的壓力，迎向競爭的驚濤。

當然，冒險不是盲目冒進，而是建立在正確預測的基礎上，對未來主動出擊。

外交商業家阿曼德·哈默一八九八年五月二十一日生於美國紐約，祖先是俄國移民，曾祖父在沙皇尼古拉一世時期以造船爲業。他的父親是一個精明能幹的資本

家，哈默繼承了他父親的經商天分與商業概念，認爲只要具有積極的進取心、機智、勤奮、堅持不懈，就沒有實現不了的理想。

一九一七年，哈默進入哥倫比亞大學醫學院。在醫學院修習期間，哈默與父親經營的聯合化學藥品公司營運非常成功，個人的淨收入高達一百萬美元。

哈默的成功的原因在於他勇於冒險的過人膽識，也正是這種精神，他成功進入蘇聯。在這次具有極大風險的探索之旅中，哈默獲得了龐大的商機。

一九二一年，正當蘇聯處於內外交困、危機四伏的處境時，哈默來到蘇聯，很快與列寧成爲親密的朋友。在對蘇聯的考察中，哈默發現了商機，於是與蘇聯政府開始了貿易往來。

一九二三年至一九二五年兩年之間，哈默經辦的總成交額達到一千兩百萬美元。

一九二五年，哈默在蘇聯開辦了鉛筆生產廠，當年產值就達兩百萬美元，壟斷了蘇聯的鉛筆生產。這家鉛筆廠很快發展成爲世界最大的鉛筆生產企業，哈默本人則成爲世界鉛筆大王。

一九三〇年，哈默把企業賣給蘇聯政府，隨即離開了莫斯科。一九三一年，哈默把他在蘇聯收購的大量皇家藝術珍品帶回美國推銷。他在推銷手法上絞盡腦汁，不斷翻新花樣，終於成爲富商大賈。

一九三三年，富蘭克林．羅斯福總統廢除禁酒法令，哈默意識到美國短缺的不僅是好酒，更缺酒桶。於是，他投資興建一個現代化酒桶廠，開工兩年就獲利一百萬美元。隨後，他又轉入釀酒行業，擁有九個穀物釀酒廠，生產的威士忌量位居美國第二位。他生產的丹特牌威士忌成爲美國名酒，至此他又搖身變爲釀酒大王。

在五十八歲以前，哈默從製藥到開採石棉、製造鉛筆、經營藝術精品、釀酒、畜牧……等方面，每項生意都很成功。

心高志遠的哈默並沒有在這些成功面前駐步不前，出人意料地購買了洛杉磯西方石油公司。這是一家瀕臨倒閉的公司，在哈默巧妙經營之下起死回生。

他認爲要使事業成功，就必須搞清楚競爭對手的活動，並擊敗他們。

利比亞強人格達費上台後，哈默主動提出將「利比亞西方石油公司」的五十一%的資產賣給新政府，得到一．三六億美元現金，並且得到新政府的好感，至於其他公司則被利比亞收歸國有。

爲了保住公司的競爭力和發展前景，哈默以超人的精力領導著公司的業務。

由於他的努力，西方石油公司多次渡過難關，不斷發展壯大，成爲美國第十二大工業企業，影響和活動遍及全世界。

哈默是一位頭腦靈活的資本家，眼光獨到、判斷準確。身爲領導者，他十分懂得調動下屬的積極性，不斷在生命中爲自己設立更高的目標，不斷向自己挑戰。

當他五十八歲準備退休時，突然涉足石油業，當他八十一歲時則鼓吹「人生始於八十一」。

風險與利潤往往呈正比，涉足商場若是不敢承擔風險，害怕面對可能失敗的打擊，那麼永遠只能經營小規模的事業，獲得小額的收益，無法成就大事業。哈默就是敢於冒險，才能屢獲成功。

商戰筆記

- 有風險的地方就有利潤，想成功就不能害怕承擔風險，要為自己設定更高的目標，不斷挑戰風險。
- 在商場上，所冒的風險越高，能獲得的利益也相對較高。

# 「免費贈送」最能勾引顧客的心

免費的「餽贈」果然成功使許多人產生好感，上百人陸續光顧商店，購買油漆，並且重複上門，成為老主顧。

爲了刺激市場需求，企業往往會採用各種優惠手段吸引顧客，爭取商機。進行促銷，最忌諱扭扭捏捏、斤斤計較、小家子氣。既然要吸引消費者上門光顧，就該拿出誠意，釋放更多誘因。在這種考量下，「免費贈送」加上「低價促銷」便是最有效的手段。

美國立契蒙市有一家油漆店，生意並不理想，油漆商特利斯克爲了改變現狀，吸引顧客，想出了一個主意。

經過詳細市場調查後，他找出約五百名很有可能成爲顧客的人，各郵寄了一把油漆刷子的木柄，以及一封介紹商店的信，凡是收到的顧客，都可以憑信來店領取刷子的另一半，也就是刷頭。

事後，只有一百多人前來，雖然大部分除了領走刷頭外，也買了幾罐油漆，但並沒有達到引來大批顧客上門的初衷。

效果雖不太理想，畢竟有一點成績。那麼，究竟該如何更進一步吸引更多顧客前來呢？

特利斯克想，油漆刷子的木柄不值多少錢，對顧客的吸引力不夠大。如果是一把完整的刷子，效果應該就完全不同了吧？

相信大部分的人都不捨得扔掉刷子，如果在油漆方面再稍微降價，來購買的人必定會比先前增加更多。

於是，他改用另一種方法，挑選出一千多名有可能成爲顧客的對象，郵寄贈送一支油漆刷，同樣的，也附上一封信：「朋友，您是否願意油漆您的房子，讓貴宅換上新裝？爲此，本店特地送給您一把油漆用的刷子。另外，從今日起，本店將舉行爲期三個月的特別優惠，凡手持信函前來購物的主顧，油漆一律八折優惠，請勿錯失良機。」

免費的「餽贈」果然成功使許多人產生好感，不少人陸續光顧商店購買油漆，並且成爲特利斯克的老主顧。

當然，油漆店的生意越來越好，知名度跟著水漲船高。

商戰筆記

- 做促銷，最忌諱斤斤計較，想要吸引消費者上門光顧，就該拿出誠意。
- 只要能吸引更多消費者上門，就等同於為自己創造更多商機。

# 凝聚向心力，讓員工死心塌地

一味追求利潤，絲毫不考慮員工死活是不明智的，必須設法凝聚他們的向心力，讓所有人對公司心存感激，並死心塌地願意賣命。

在現今社會，金錢是有形的「資本」，知識和能力則如同無形的「資本」，可為擁有者帶來取之不盡的財富。

規模宏大的「福特汽車王國」基業，是由亨利．福特一手締造，他晚年雖然獨斷、專橫、殘暴，但成功的經營謀略仍一直為人稱道。之後繼任的福特二世、三世同樣在經營上有過人之處，在企業界留下了值得學習、借鑑的典範。

亨利．福特十分重視對人才的培養和提拔，他的汽車新工廠，就是三十七歲年輕建築師阿爾巴頓・康的傑作。

在設計海蘭德公園工廠的時候，康曾對福特建議道：「把工廠設計成長八百六十五英尺，寬七十五英尺的長方形四層樓建築，以鋼混凝土爲材料，可以嗎？」

「好的！」福特對康相當信任，毫不猶豫地同意了這個建議。

「那麼，我還想讓玻璃占建築物外觀總面積的七十五%。」阿爾巴頓・康繼續提出自己的新構想。

在當時，對一般人來說，這個提案簡直不可思議——怎麼能讓牆面全由玻璃圍成？但福特卻讚歎不已，「太好了！機械廠房設在另外一邊，可以是玻璃屋頂的一樓建築，此外，總廠和這棟玻璃屋頂的機械廠房可藉鋼樑相通，上有吊車。如此，製造完成的引擎或變速器，就可以利用天井中的吊車搬到總廠了。」

福特興高采烈地以阿爾巴頓・康的設計爲基礎，開始自己的奇妙構思。

「在整棟樓的天井都加裝吊車，如此一來，利用重力傾斜移動法則，一定可以省下搬運時間，節省成本。」

在年輕建築師的啓發下，福特九十三分鐘造車的秘訣就這樣誕生了。

等到小福特上任時，公司上下極為混亂，管理面臨嚴重失控景況。他意識到以當時的局面，一定要由一個具豐富經驗的人來管理，而且這個人必須熟知公司的制度和做法。

經過多方調查，小福特聘請了原通用汽車公司副總經理布里奇擔任總經理。布里奇上任的同時帶來了「通用」的幾位高級管理人才，對這些能人，小福特都非常欣喜地加以接受。爾後，他又聘用了十位擁有豐富管理經驗的年輕人，這十個人不僅對「福特」的中興發揮了重大影響，其中甚至有人後來成為美國國防部長。

對於聘請的賢能，小福特都委以重要職權，並將以往只供福特家族保存、參閱的資料無保留地提供。這使他們能及時瞭解公司情況，並做出各種必要決定，從而使營運狀況大為改善。

這些改革措施實施後，只花一年時間就扭轉了虧損局面，一九四九年，年利潤高達二億五千八百五十一・五萬美元。

福特公司對待工人的策略也很有技巧。老福特在公司財源滾滾，獲利高達二〇〇〇%時，高明地打出了「保護勞工」旗號，把每名工人每小時的工資提高二・五倍，一下子成為「薪資革命」的英雄。

福特深知，一味追求利潤，絲毫不考慮員工死活是不明智的，必須設法凝聚他們的向心力，讓所有人對公司心存感激，並死心塌地願意賣命。

亨利．福特曾大肆鼓吹：「工作應該是人生的最大享受，而不會令人憎恨。在結束了一天的工作後，工人們並不單單只需要物質上的報酬，而更應該得到精神生活的改善。」

亨利．福特認為，懂得追求物質和心靈滿足的員工，對工作熱誠一定很高，這對個人及社會都有好處。正因為如此，福特汽車公司不但獲得龐大的利潤，成為當時美國人民生活水準的代表，甚至成為其他國家企業追求、效法的目標。

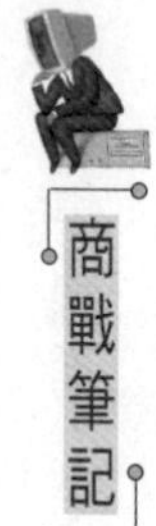

商戰筆記

．得不到利潤，企業絕對無法生存，所以謀取利潤的企圖本質上無過錯，但必須是優質服務帶來的結果。

# 第29計 樹上開花

【原文】

借局佈勢，力小勢大。鴻漸於陸，其羽可用為儀也。

【注釋】

借局佈勢：局，局詐。勢，陣勢。句意爲：借助某種局詐的方法，布成一定的陣勢。

力小勢大：力，力量，這裡是指軍隊的兵力。勢，這裡是指的聲勢。句意爲：兵力小而聲勢卻造得很大。

鴻漸於陸，其羽可用為儀：此語出自《易經．漸卦》上九爻辭：「鴻漸於陸，其羽可用爲儀也，吉。」漸卦爲艮下巽上，艮爲山，巽爲風、爲木。這裡的鴻是指大雁，漸是指漸進。陸與「逵」通，這裡是指天際的雲路，羽是指鴻雁美麗的羽毛，儀是指效法。全句意爲：大雁在高空的雲路上漸漸飛行，美麗豐滿的羽毛，使牠更顯得雄姿煥發，值得效法。運用於軍事上，就是以「樹上開花」計使本來實力弱小的軍隊顯得聲勢浩大。

【譯文】

借助佈局形成有利的陣勢，兵力雖少，但氣勢頗大，就像鴻雁在高空飛翔，全憑其豐滿的羽翼助成氣勢。

【計名探源】

樹上開花，是指樹上本來沒有開花，但可以用綢緞、彩紙等剪成花朵黏貼在樹上，有如眞花一樣，不仔細去看，眞假難辨。

此計用在軍事上，指的是，如果自己的力量較弱，可以借外在的局勢或某些種因素製造假象，使自己的氣勢顯得強大。樹上開花之計強調，在戰爭中要善於借助各種因素來爲自己壯大聲勢。

《孫子兵法．地形篇》說：「故知兵者，動而不迷，舉而不窮。」

眞正善於用兵作戰的將帥，總是保持清醒的頭腦，從不因爲對手的行動而迷惑，相反的，會讓自己的戰術變化無窮，使敵人難以捉摸。如果敵人不知道你的眞正意圖，那麼，只要略施小計，就能達成自己的目的。

# 掌握機密，能獲得最終勝利

只要不放棄希望，用機智掌握局勢，必能奪得最終的勝利。用機巧的手段、精準的目光，扭轉自己的命運，實現自己的夢想。

僅靠一分一釐地積蓄致富，是平常人的做法。聰明的人懂得利用各種資訊，達到預期目的，進而迅速累積財富。

只要對未來國際局勢演變深具遠見，並能善用機智技巧進行投資，想獲得巨大財富，其實並不困難，一代船王歐納西斯就是最好的典範。

歐納西斯一九〇六年生於原屬希臘的東部城市伊茲密爾。

土耳其佔領伊茲密爾後，歐納西斯全家逃難到希臘。由於生活所迫，歐納西斯

隻身來到阿根廷的布宜諾斯艾利斯謀生。

歐納西斯說：「當時我幾乎一無所有。如果僅靠一分一釐積蓄致富，完全不合我的天性，唯一的道路就是投機取巧。」

從此，這位未來的世界船王開始了投機、冒險的一生。

一九二九年，爆發世界性經濟大危機。在這次經濟危機中，加拿大國營運輸公司近乎破產，不得不拍賣產業。其中有六艘貨船價值二百萬美元，準備以每艘二萬美元的價格拋出。歐納西斯得到消息後立即趕到加拿大，將這六艘船全部買下。

以後的幾年裡，經濟危機愈演愈烈，面對嚴酷的現實，很多人認爲歐納西斯做了一件大蠢事，他卻堅信自己期待的日子一定會到來。

第二次世界大戰爆發，爲那些擁有水上運輸工具的人帶來了極好的致富機會，歐納西斯盼望的時機終於來到了，他的六艘大船一夜之間身價倍增，就像六座浮動的金礦。等到戰爭結束的時候，他已經成爲希臘擁有「制海權」的巨頭之一了。

一九五六年十月，蘇伊士戰爭爆發。埃及接管了運河，宣佈收回運河的主權，英法艦隊經地中海開往中東，對蘇伊士運河地區的埃及軍隊發起攻擊。以色列在美國授意與支持下加入戰團，向西奈半島的埃及軍隊發動突襲。

戰火籠罩了中東地區，蘇伊士運河斷航了！

早有準備的歐納西斯，已把他的船隊中最好的部分調到中東地區，停泊在沙烏地、阿曼、阿拉伯聯合大公國、伊拉克等處的港口。

戰爭可以繼續，西方各國的石油供應卻不能中斷，一時之間，船隻成了最急需的運輸工具。其他商船或因合約在身不能加入這場利潤極高的角逐，或因還在其他遙遠的地方，一時半會不能趕到這裡。歐納西斯龐大的船隊，正好填補了這個因戰爭而出現的巨大運輸眞空。

各大石油公司開始瘋狂搶租船隻，運費當然隨之飆漲。戰爭開始之前，每噸石油的運價是四美元，開戰後漲到每噸六十多美元，錢開始像海水一樣向歐納西斯的腰包中傾倒。

「你想不賺錢都不行。」歐納西斯發了大財。戰爭前後，他僅在中東的石油運輸中就賺得八千萬美元。

法國和義大利之間的蔚藍色海岸上有一個彈丸小國——摩納哥。這個小公國恬靜、與世無爭地位在地中海岸邊，不徵收關稅，沒有軍隊和稅務員，以蒙特卡羅這個世界賭城而出名，收入的來源主要依靠旅遊業和賭場。另外，還有一個凌駕於政

府之上的海水浴場公司，常常雲集了世界的大富翁、各國的王公貴族以及他們美麗的太太們。

然而，這些都是第二次世界大戰以前的繁華場景，二次戰以後，這些富豪貴族們已經玩膩了蒙特卡羅賭窟，轉而去尋找新的樂園。這個曾經欣欣向榮的小公國就此一蹶不振，瀕臨破產。

當時的統治者蘭尼埃親王三世不得已，只好拍賣曾是這個公國搖錢樹的海水浴場公司。歐納西斯聞訊後立即趕往摩納哥公國，企圖透過掌握海水浴場公司，成爲這個小公國的主人，並藉此一舉打入歐洲的上流社會。

歐納西斯到達摩納哥後，以各種名目分散購買了大量的股票，購置摩納哥海岸邊的大片土地，取得海上浴場公司的控股權。

隨著歐納西斯夫妻到來，摩納哥又恢復了往日欣欣向榮的景象。歐納西斯夫婦就周旋於那裡的王公貴族、藝術家、百萬富翁、商業巨頭、騙子和賭徒之間，社會地位和聲望也越來越高。沒過多久，他就成了摩納哥公國的實際主人。

由於歐納西斯經營有方，蒙特卡羅出現了第二次世界大戰以來的第一次盈利。這個搖搖欲墜的公國避免了瓦解的命運，歐納西斯也成功地打入歐洲上流社會，實現了自己多年的願望，眞可謂「名利雙收」。

對歐納西斯而言，道德是不存在的。從電話中竊聽資訊致富，利用中東戰爭大發其財，讓摩納哥公國賭窟再生，巧妙地奪取了國王的權力，憑著投機取巧成爲一代「船王」。

只要不放棄希望，用機智掌握局勢，必能奪得最終的勝利。一如歐納西斯，用機巧的手段、精準的目光，扭轉了自己的命運，實現了自己的夢想。

## 商戰筆記

- 聰明的人懂得利用各種資訊，達到預期目的，進而迅速累積財富。只要對未來國際局勢深具遠見，並能善用機智技巧加以投資，想獲得巨大財富，其實並不困難。

## 想做大生意，就別怕讓人看見自己

吸引顧客注意力是做好生意的第一步，目標越明確，進攻的火力就越不會浪費，如此一來，佔領市場的機會自然也就越高。

隨波逐流、人云亦云，必定不可能有太大發展。想闖出一片天，就要與眾不同，因爲越是特立獨行，就越能讓消費者看見你的商品。

一九七〇年代後期，香港社會由於經濟起飛，呈現一片欣欣向榮的盛景。工商業快速發展，造成兩大現象的產生，第一是個人平均收入增加，第二則是女性勞動人口數持續地向上成長。

有遠見的商人從以上兩大現象中看出了隱藏的商機，那就是衛生棉市場必定將有很大的發展，因為這些職業婦女需要更好的產品，以解決生理期間必須在外工作的不便和其他困擾。

飄然衛生棉的製造生產商發現了這個潛力龐大的市場，決定推出新商品爭取提升市場佔有率。

首先，在產品品質方面下一番功夫，外表體積小，方便使用和攜帶，內部吸水性強，可以減少更換次數，並使表面柔軟輕順，強調「貼身享受」，且黏貼力強。種種改良全都以職業婦女為目標，力求切合她們的需要。

光是改良品質還不夠，更重要的是推廣出去，讓大家都知道。如此一來，宣傳推廣就成了飄然衛生棉是否能打開市場的關鍵。

經過審慎考量，飄然決定一反傳統隱晦的方式，以堂堂正正態度宣傳這種總被認為是見不得人的商品。

不久以後，飄然的廣告開始頻繁在電視螢光幕上出現：

一位打扮漂亮、入時的女子正快步走過斑馬線，突然一輛汽車從旁駛來，只見廣告女主角瀟灑地伸出左手食指，不慌不忙一指，汽車便立刻戛然而止。接著便聽見旁白介紹一種嶄新的產品，可以令女性在「不方便」的日子裡仍然如常活躍，神

采飛揚，便是最體貼女性的飄然衛生棉。

廣告一推出，立刻成為大衆茶餘飯後談論的話題。飄然敢於一反傳統，在當時仍深受東方文化影響的香港社會打出旗號，隆重推出衛生棉新產品，再加上廣告本身設計的出色，讓全香港市民耳目一新，「飄然」兩字也在一夕之間成了衛生棉的代名詞。

不可否認，廣告的密集播放也讓一些女性感到尷尬，但片中女主角瀟灑自在的形象深深印在腦海，留下難以取代的印象，因而在選購衛生棉時，試一試飄然的新產品便成為一種無可抗拒的衝動。

雖成功佔領了職業婦女市場，飄然並不滿足，又再接再厲設計出多款不同訴求的產品，搭配廣告乘勝追擊，一口氣將市場佔有率提升到三十%，自此在香港市場獨領風騷，直到十多年後進口產品大舉入侵為止。

透過飄然衛生棉的發展，可以清楚了解到廣告行銷的重要。飄然之所以獲得成功，除了特立獨行的勇氣，更因為了解顧客需要什麼樣的產品。

吸引並凝聚顧客注意力是做好生意的第一步，目標越明確，進攻的火力就越不會浪費，如此一來，佔領市場的機會自然也就越高。

## 商戰筆記

- 拘泥於市場現況，必定不可能有太大發展。別害怕與眾不同，因為越是特別，就越能吸引消費者。
- 廣告要明確定位出訴求與目標，先滿足消費者的需求，激發好奇心與購買慾，他們才會願意嘗試。

# 借力使力，借他人的優勢宣傳自己

以適時、準確、廣泛、生動的宣傳，提高自身企業知名度，增強消費者信任感和產品吸引力，才能達到搶佔市場，提升業績的目的。

想成為成功的生意人，就要學著造聲勢，宣傳自己，打響知名度。畢竟放眼同一個領域，實力強大的競爭對手衆多，別人若是不清楚你是誰、有什麼本領，又怎麼可能安心和你打交道、做生意呢？

宣傳自己的方法有很多，最聰明的一種，叫作「藉局佈勢」。

聰明的商人懂得借用別人已經造好的「勢」，以最小的投入換得最大收益。能夠細心觀察環境的人，才能抓住別人看不見的商機。

藉局佈勢，靠別人來宣傳自己，不僅省力，效果更是好得出奇，是所有經營者都必須下功夫鑽研的秘訣。

利用別人已經架構好的局面，佈成有利於自己的局勢，便能以少量投入獲得回報優渥的優厚成果，讓企業展翅飛翔，前往一個更高遠的境界。

企業想要有效擴大市場，發掘更多商機，既得專注於良好行銷環境的營造，也不能忽略對現有優越條件的充分利用，例如他人已經架構好的溝通管道、資訊網路……等等。

現代商業經營中，具重要價值的謀略思想之一，便是造勢。《孫子兵法》說：「善戰者，求之於勢。」只有在激烈的同業競爭中大造聲勢，以適時、準確、廣泛、生動的宣傳，提高自身企業的知名度，增強消費者信任感和產品吸引力，才能達到搶佔市場，提升銷售業績的目的。

此外，藉著改變產品的規格、型號、式樣、包裝，或者裝潢整修商店，重新設計門面，形成龐大、豐富的陣容，也同樣是造勢，可以吸引消費者的注意，提高自身的競爭力。

以上種種，都是「借樹開花」在商戰中的妙用。巧妙運用點小技巧，就可以讓宣傳更省力，值得所有經營者揣摩、學習。

## 商戰筆記

- 聰明的商人懂得借局佈勢，節省力氣，以最小的投入換得最大收益。
- 借「勢」的方法手段有很多，只要記住一點——最終目標都在於奪取消費者的目光，吸引注意力。

# 對準消費者的需求下手

要奪得市場，不僅要善於廣告行銷，更得確實找出敵手的弱點，以及未被滿足的消費者需求。

市場變動的速度遠超過任何人的想像，跟不上注定被淘汰。如果想要當一個永遠走在尖端的成功者，就永遠不要停下求新求變的腳步。

高科技產業競爭激烈大家都知道，但市場競爭無處不在，就算不起眼的文具市場，也存在你爭我奪、爾虞我詐，精采的商戰故事始終不間斷地上演。

以前，鉛筆是最普遍的書寫文具，放眼當時的香港中價位鉛筆市場，一直由日本克麗牌鉛筆佔領。後來，中國製的鉛筆開始進入香港市場，由於價格較日本貨低

廉許多，立刻受到香港絕大多數學生和基層公務人員歡迎，銷量逐步升高。

大陸製鉛筆成功佔有香港市場年銷售量的八十七%，克麗牌完全被打敗。但隨著經濟不斷發展，局勢又有出人意表的轉變。

由於人民所得與生活水準提高，購買物品不再只著眼於價廉實用，還同時要求精緻、美觀。仔細分析市場變化後，日本廠商擬定出一連串作戰計劃，決定捲土重來，再次進攻。

重新生產的克麗牌鉛筆，具有以下幾大優勢：

一是種類繁多。僅從筆桿形狀上分，就有圓形、橢圓形、三角形、四方形、星形、六角形、細桿型、特長型等多種，可以有效引起消費者的好奇心。

二是在裝飾上做文章，改進塗佈上色的品質與技術，以達到花紋精細、線條清晰、清潔度高、色彩鮮艷的要求。此外，筆桿彩繪也配合流行，推出如外星人、卡通人物等普遍受小孩子歡迎的圖案。

三是更改包裝，將原來的大盒改為小盒，恰巧切合香港人的購買習慣。

四是每季推陳出新，研發新的產品上市。

克麗牌鉛筆種種針對市場現況與消費需求擬定的措施，果然順利帶來了成功。

樣式普通、一成不變的大陸製鉛筆一敗塗地，幾乎從香港市場消聲匿跡。

一棵普通的樹，根本不引人注目，但若開滿五顏六色的鮮花，就會立刻增添無窮的吸引力。克麗牌鉛筆得到成功的最根本原因，就在於活用「借樹開花」之計。

同樣的道理，也可以運用於不同的商業領域，套用在其他商品上。要奪得市場，不僅要善於廣告行銷，更得確實找出敵手的弱點，以及消費者的需求。能夠搶先一步發掘這些珍貴情報，就能往正確的方向前進，有效率地自我改善。

一次成功不代表永遠成功，同理，一次失敗也不代表以後仍會失敗。誰能抓到商機，誰就能得到更上一層樓的捷徑，成功從競爭激烈的市場中勝出。

### 商戰筆記

- 市場無時無刻都進行著競爭，想要走在尖端，就不能停下求新求變的腳步。
- 懂得行銷廣告，更要懂得提升品質。改變要朝著對的方向，精力要花在真正符合消費需求的地方，才能收到實質效益。

# 打響好名聲，銷量自然步步高升

實力好、品質好，就要讓所有人都知道。保持沉默，必定會被忽視，成不了過人事業，一定要把握一切機會，盡力地宣傳。

中國大陸有許多酒廠，競爭相當激烈。其中，四川瀘州老窖地處偏遠，之所以能夠聞名全國，甚至在國際市場上擁有一定知名度，便是因爲有效把握了兩次在國際展覽榮獲大獎的機會，大力慶祝宣揚。

這正是借局佈勢、借樹開花之術的出色運用。

四川瀘州老窖酒廠歷史相當悠久，所生產的「瀘州老窖大麴酒」，曾經獲得巴拿馬國際食品博覽會金獎，品質相當好，是酒廠的招牌產品。

後來，瀘州老窖大麴酒又榮獲曼谷國際飲料食品展覽會最高榮譽「金鷹杯獎」，喜訊傳回，全廠上下都感到振奮歡喜。當時，廠長和公關部門人員覺得這是一次相當好的機會，決定進行一系列慶祝宣傳活動，藉此拉抬聲勢。

經過精心策劃，慶祝宣傳活動正式揭開了序幕。

首先上場的是迎金獎大遊行，長長一串盛裝打扮的遊行隊伍敲鑼打鼓，前往車站迎接金鷹獎盃。此舉果然立刻轟動整個瀘州城，不僅市民們擁上街頭爭睹金獎，還異口同聲地誇讚瀘州老窖酒廠爲瀘州人爭光，非常了不起。

緊接著，酒廠的管理高層更爲此專門前往省、市政府報喜，同時表示感謝，之後於北京人民大會堂召開慶祝大會時，邀請全國人民大會與政協領導人、政府各部門官員、各大新聞媒體記者等到場同賀。

會後，共計五十多家新聞媒體聯合報導，立刻使瀘州老窖的大名傳遍全國，酒廠的造勢活動達到非凡的效果。

一九九〇年，瀘州老窖大麴酒又獲得第十四屆巴黎國際食品博覽會金獎，是中國大陸當年參展所有白酒中唯一獲獎者。

想當然爾，有過一次成功出擊的經驗，這一回瀘州老窖酒廠也不會放過。他們

不僅在全國許多大報上刊登大幅廣告，還製作廣告片於電視台密集地播放，大肆宣揚這回榮獲國際金獎的資訊。

於是，瀘州老窖的美名又一次傳遍大江南北，憑藉著大獎的光環，成功在消費者心中留下深刻印象、美好名聲，成了市場上的高檔搶手貨。

想要提高自身聲名，首先必須抓住每一次機會，徹底加以利用。

實力好、品質好，就要讓所有人都知道。保持沉默，必定會被忽視，成不了過人事業，一定要把握一切機會，盡力地宣傳。

怎樣的態度最受歡迎、最能博得消費者的好感呢？很簡單，當然是自信卻不驕傲、謙虛且充滿誠懇感謝的態度。

商戰筆記

- 有過人的實力和品質，就要大肆宣傳，讓所有人都知道。要是一味保持沉默，如何能博得消費者的好感呢？

# 第30計 反客為主

【原文】

乘隙插足，扼其主機，漸之進也。

【注釋】

主機：主要的關鍵之處，即首腦機關。

漸之進也：語出《易經．漸卦》：「漸之進也，女歸吉也，進得位，往有功也」。按《易經增注．下經．漸》的解釋：「天下事動而躁則邪，靜而順則正，漸則進而得乎貴位，故行有功」。意思是說：天下的事情，凡是行動盲目而急躁，就會走入邪途，凡是冷靜而順乎客觀規律，就會登上正道；一步一步地循序漸進達到顯要的地位，便會行而有功。

【譯文】

抓著對方的空隙，看準時機插足進去，設法控制敵人的要害或關鍵之處，這是循序漸進的結果。

**【計名探源】**

杜牧注《孫子兵法》說：「我爲主，敵爲客，則絕其糧道，守其歸路。若我爲客，敵爲主，則攻其君主。」

反客爲主，用在軍事上，是指在戰爭中，要努力變被動爲主動，儘量想辦法鑽別人的漏洞，插腳進去，控制他的首腦機關或者要害部門，抓住有利時機，兼併或者控制對方。

《孫子兵法．九變篇》中論及利害時強調：「是故屈諸侯者以害，役諸侯者以業，趨諸侯者以利。」

意思是說，要迫使別人屈服，就要用他們最害怕、最忌諱的手段去擾亂和威脅；相反的，要使別人爲自己做事，就要用利益加以引誘。

使用本計，往往是借援助他人的機會，以便自己先站穩腳跟，步步爲營，想方設法取而代之。

# 主動進攻，才會成功

創造奇蹟，憑藉的是自身敏銳的市場觀察與行動能力，要洞燭先機，還要有「當斷則斷」的過人魄力。

商場上的經營者，大致不出三種類型：一種始終只能追著「財神爺」的屁股跑，另一種稍微好一些，能夠勉強抓住「財神爺」的尾巴，至於最厲害的一種，則是直接牽著「財神爺」的鼻子走。

看得出市場發展的趨勢，才能進而抓住別人尚未發現的商機。如果一味跟在先驅者後面走，必定一輩子屈居人下。

阿拉伯商人卡赫利法，就屬於牽著「財神爺」鼻子走的經營高手。

卡赫利法是巴林著名商業家庭的後代，可是等到他眞正開始執掌商業權柄時，曾經顯赫的家族早已分崩離析，產業也幾乎凋零殆盡，處境很不樂觀。

顯然，無論從資金，還是政治、社會地位來看，他都無法再沾家族的光、蒙受先人庇蔭了。現實擺在眼前，要想扭轉困境，只能走創新之路。

當時，沙烏地阿拉伯駐軍需要大量外地食品，卡赫利法衡量前景後，認爲値得一試，便貸款於西部的吉達港從事食品進口生意，所有食品都從埃及購入，進口後轉賣給軍方。

這一門生意當時尙無人涉足，因此一大片肥美、未經開拓的處女地，就這樣被卡赫利法捷足先登。幾年奮鬥後，再返回中東時，卡赫利法已有一筆積蓄，且拓展了經驗與眼光，雄心勃勃地開始準備起飛，一心朝更遠大的目標前進。

因爲深具創新與冒險精神，他對傳統商業項目不感興趣，期待發掘新商機。

阿拉伯半島有如蒸籠般炎熱，卡赫利法認爲，發展冷凍食品必定大有可爲。很快，他在美孚石油公司所在地開了第一家冷凍食品店，專門出售冷飲和袋裝食品。

因爲是獨門生意，冷凍食品店門庭若市，業績好得不得了。

但隨著時間過去，不少商人覬覦豐厚的利益，冷凍食品店漸漸多了起來。

眼看冷凍食品市場競爭越來越混亂、激烈，卡赫利法當即決定急流勇退，果斷地跳出，避免折將損兵，耗費不必要的精力。

他開始養精蓄銳，尋找可供發展的新戰場。經過一連串縝密的調查評估，他決定向美孚公司地方工業發展部申請貸款，成立漁業公司，全力往海鮮貿易進攻。

五年辛苦經營之後，卡赫利法果眞成了波斯灣地區的頭號「漁翁」，在漁業方面的陣容和實力已經聞名海內外。當時，卡赫利法旗下擁有拖網漁船十六艘，漁業年產値高達五百萬美元，絕大多數漁貨、海鮮都打著「漁帆」商標出口美國。

經營漁業獲得巨額利潤的模式，又吸引不少追趕「財神爺」的人。科威特、伊朗、巴林等國家的商人都想分一杯羹，一時間，漁業又成爲衆人關注焦點，呈現前所未有的榮景。

魚蝦數量隨著漁業公司擴展而開始銳減。卡赫利法果斷地宣布偃旗息鼓，鳴金收兵。衆多漁業公司在曇花一現的熱潮之後，開始面臨入不敷出的困境，經營狀況慘不忍睹，紛紛破產，唯有他抽身得早，將矛頭指向了建材業。

此時，沙烏地阿拉伯房地產業迅速發展，卡赫利法集中精力於生產混凝土磚塊，產品很快就成爲熱銷貨，供不應求。他的生財之道還不僅如此，由於中東飲用水缺乏，他看準大好市場，開發礦泉水生產業，同樣旗開得勝，大獲其利。

在阿拉伯商界，卡赫利法儼然傳奇人物，落腳於哪裡，哪裡就興旺；一旦離開哪裡，哪裡就必定衰敗，甚至有人誇張地形容他擁有過人超能力。

其實，卡赫利法能夠創造奇蹟，憑藉的是敏銳的市場觀察與行動能力，還有「當斷則斷」的過人魄力。因此，他才能夠一次次於市場找到先機，一次次於景氣堪慮時轉換戰場，從而得到利益。

### 商戰筆記

- 看得出市場發展的趨勢，才能進而抓住別人尚未發現的商機。如果只是複製先驅者的，必定屈居人下。
- 要有敏銳的觀察力和行動力，當市場趨於飽和，就要當機立斷，避免繼續無謂的折損，另謀出口。

# 善用機會，就能主客易位

經營者想要變客位為主位，化被動為主動，就應該致力找出轉化的條件，促使朝向最有利的情況發展。

一時的勝利或失敗都不能代表什麼，因爲局勢是「活」的，隨時都會翻轉，隨時都可以改變，反客爲主的精采故事隨時都在發生。

在競爭中屈於劣勢的時候千萬不要怕，只要懂得運用「反客爲主」的妙計，就可以有效利用他人的聲勢，讓自己迎頭趕上，甚至超越競爭對手。

實施反客爲主的計策，主要可分爲對人、對物兩個方面。

其中，對人要不露痕跡，例如許多外商業務機構喜歡延聘當地人作爲雇員，用

意之一就在利用他們對國情與制度、法律的瞭解、熟悉，換取更大盈利。對物則要「揭彼之短，顯己之長」，以求取得打開市場並長期佔領市場的優勢，對知識與技術密集型的產品尤須如此。

歸納成功者的從商經驗，可以發現，他們必定善於運用「反客爲主」的計謀。例如，以某種商品投入市場，最開始可能局面沒有打開，市場形勢於己不利，此時就要甘居「客位」，針對現況擬定對策。經過不斷地努力之後，再逐步增強自己的競爭實力，以一步步奪取「主位」。

知己知彼才能夠勝利，凡是有商務往來關係的對手，無不設法掛上對方的「內線」，牽住「牛鼻子」，反客爲主把握成交的主動權。

相對的，如果企業在市場競爭中已居「主位」，也不能掉以輕心。要知道，局勢的競爭、對手的實力永遠比想像更強、更激烈，所以應該不斷創新、研發產品、提升品質，滿足市場消費的需要，否則必定很快被後起者超越。

只要有充分的時間、滿足一定的條件，客位和主位、被動和主動是可以相互轉化的，經營者想要轉客位爲主位，化被動爲主動，就應該致力找出轉化的條件，朝向最有利的情況發展。

若已處於主位，則要防止轉向不利的情況，並努力從有利的條件中得出更好的結果，再上一層樓，持續鞏固根基。

商戰筆記

・實力不如人時，不妨暫時按捺。透過對人、對物兩個方面找出可以下手的突破點。機會必定存在，端看懂不懂得把握。

# 搶生意得要選在好時機

有膽識的生意人不會被一時的安穩或利益蒙蔽眼睛，而會按兵不動，緩慢累積自己的實力，直到最後時機成熟，搶奪勝利。

兵法中有所謂的以少勝多、以寡擊衆、以弱制強，事實上，無論在哪一個商業領域，以羊易牛、四兩撥千斤、小魚吃大魚的事情屢見不鮮，隨時隨地上演。速食業龍頭「麥當勞」的發展過程中，曾有過一段反客爲主的傳奇故事。正因爲這個重大轉折，麥當勞才能成爲知名的跨國企業。

雷蒙德．克羅克從小喪父，家境貧寒，直到步入中年，仍只是美國加州地區一家食品工廠的產品推銷員。也在這段時間，麥當勞的創始者麥克唐納兄弟開了第一家速食店。

由於業務關係，克羅克結識了麥氏兄弟，很快成爲朋友。克羅克發現麥氏兄弟經營的速食店其實很有發展空間，但是兩人欠缺商業概念，不僅經營方式不當，連最基本的食品衛生都沒有做好。

經過斟酌考慮，克羅克決定嘗試著從這個方向著手，發展自己的事業。他向麥克唐納兄弟表明合夥意願，兩人見有利可圖，便十分爽快地同意了。

克羅克進入麥當勞後，工作相當勤奮，不斷嘗試著把自己的理想付諸實踐，針對現況與困難積極改進，並加以突破。

他提出的建議相當多，包括了改善營業環境，在學校、工廠、辦公大樓附近廣設分店，以及開發新商品、嚴格要求保持食品衛生、統一服務員的服裝儀容……等等。凡是自己提出的每一項改革措施，克羅克都親自以身作則，帶頭執行，作所有人的模範。

在克羅克帶領下，六年之後，麥當勞在美國速食市場上取得一席之地。與此同時，克羅克也累積了豐富的經驗，逐漸展現出反客主的實力。

眼見時機成熟，一九六一年，克羅克透過不同途徑籌集到一大筆款項，決定正式買下麥當勞全部的經營權。克羅克和麥克唐納兄弟雙方隨之展開談判，最後以兩百七十萬美元現金的驚人價格成交。

麥當勞一夕易主，這個消息立刻震驚了所有人，大家都對克羅克的決心感到嘆服。事實證明，克羅克是對的，正因爲有「反客爲主」的膽識，才能在日後帶領著麥當勞不斷前進，得到傲視全球速食業的輝煌成功。

有膽識的經營者不會被一時的安穩或利益蒙蔽眼睛，而會不動聲色累積自己的實力，直到最後時機成熟，便毫不猶豫地一躍而起，搶奪勝利的果實。

## 商戰筆記

• 要成為頂尖的商人，就得具備決心、膽識與耐性，再加上孜孜不倦努力，才能獲得傲人的成功。機會出現時，更要勇於爭取，不要被一時的安穩或利益蒙蔽。

# 主動出擊是奪得勝利的必備態度

守株待兔不可能得到理想結果，想在競爭無比劇烈的商業領域求生存，主動出擊是奪得勝利的必備態度。

坐著枯等消費者上門是不會有收穫的，競爭者衆多，要憑什麼吸引群衆注意自己的商品呢？首要的條件之一，就是反客爲主，主動出擊。

每到年終，各大百貨公司或大賣場都會舉辦特賣，這時也就是所有廠商總動員，準備大賺一筆的好時機。

有一家成衣公司在特賣會上擺攤銷售襯衫，但由於展出位置不顯眼，販賣人員本身也不夠用心，以致產品乏人問津，生意十分冷清。

眼看情況不妙，廠長馬上果斷地宣布了以下幾個方案：

第一、全體售貨員，一律穿著公司生產的襯衫，而且每天更換顏色。

第二、全體售貨員在營業時間不可坐下、不准手插口袋，必須保持端正姿勢站好。凡是顧客上櫃，必定熱情接待。

第三、營業時間額外供應冷熱飲。

這一連串招數果然奏效，馬上達到了吸引注意力的效果。前來參加特賣會的顧客，看到專櫃售貨員款式新穎的襯衫穿起來好看，立刻圍攏過來。再加上售貨員個個精神抖擻，堆著笑臉、熱情介紹，服務又周到，銷路頓時大開。

前來購買襯衫的顧客，今天看到全體售貨員一律穿淺藍色的，心想淺藍看起來很好，紛紛爭購；而隔天上門的顧客，看到所有人一律穿著橘黃色的，也覺得橘黃色流行感十足，也忍不住掏錢購買。很快的，專櫃存貨供不應求，果然爲公司帶來極高的效益。

從這個例子，你看出了什麼道理呢？這家公司反敗爲勝的秘訣在哪裡？

答案其實很簡單，就是「反客爲主，主動出擊」。

守株待兔不可能得到理想結果，想在競爭無比劇烈的商業領域求生存，主動出擊是奪得勝利不可或缺的必備態度。

在商業經營中，出於正當的目的，運用適當的手腕，主動出擊博取顧客的好感，才能使事業進展順利。

商戰筆記

- 銷售的態度會影響顧客的印象，因此對售貨員應該嚴格要求，例如穿著整齊制服、端正姿態等等。切記，展現出專業、敬業精神非常重要。
- 坐著枯等消費者上門是不會有收穫的，商業市場競爭者眾多，要憑什麼吸引消費者注意自己的商品呢？首要的條件之一，就是主動積極。

# 山不轉路轉，處處都有商機

一味向領先者挑戰，倒不如去找出市場上普遍被忽略的需求，然後從敵手疏於防備處下手，達到「反客為主」目的。

沒有打不敗的敵人，也沒有一定做不成的生意。成功或失敗，決定於膽識是否足夠，也決定於使用的策略是否正確。

一九七〇年代中葉，美國電腦市場由體積龐大的大型電腦獨佔，用戶主要包括了政府部門、大公司和各類大機構等等。大型電腦性能雖好，但價格昂貴，對中小型企業和個人用戶來說，根本無力問津。市場需求的不滿足促使新產品應運而生，蘭坦迪公司無線電部門首先研製出美國第一塊微處理機晶片，繼而造就出兩家大量生產微型電腦的公司，分別爲美國數位設備公司與通用資料公司。

接下來，就是電腦技術演進上，一場影響力空前的大革命。

說來叫人難以置信，促成這場革命的先驅，是兩名出身普通的美國青年史蒂芬·賈伯斯以及史帝蘭·沃茲奈克，地點在矽谷洛斯阿爾托斯鎮的一間小汽車房。

當時，沃茲奈克需要一台電腦，但沒有錢買好的硬體，便請賈伯斯購買便宜零件代爲組裝。於是，賈伯斯花二十美元買進一些零件，組成一台體積較小的微型電腦，結果，那台電腦最後竟然賣到五十美元。

一百五十％的盈利多麼令人心動！賈伯斯和沃茲奈克不由得做起發財夢，決定好好經營這門生意，「蘋果電腦」就這樣誕生了。他們兩人把第一台蘋果電腦拿到當地的商店推銷，很快就收到一張五十台的大訂單，成品上市之後的風評與非常好。

賈伯斯與沃茲奈克見機不可失，打算趁勝追擊，當下決定貸款購買廠房，擴大生產。不久以後，蘋果電腦成爲了全美知名的品牌。

他們知道，要使產品歷久不衰，關鍵是提升性能以及擁有最實用且功能強大的軟體。於是，正式成立「蘋果公司」之後，兩人便公開徵集軟體專家和業餘設計程式愛好者，參與第二代蘋果電腦的製作，一起爲研發更好的產品而努力。

當時是美國微型電腦最黑暗的時代，銷售幾乎完全停滯，甚至有幾十家公司先後倒閉。一片慘綠中，唯有蘋果電腦表現耀眼，不但銷售額提升至一千五百萬美元，並維持一定速度穩定上升，渡過黑暗期後，更是大幅攀升至五．八三億美元。

從窩在小房間裝配到組建公司大量生產，從著手設計軟體到推出系列程式設計，從二十美元本錢到億萬富翁，兩個美國年輕人僅用了短短五年時間。

當自己的實力不如人、客觀環境不適合時，一味向領先者挑戰、硬碰硬是不明智的。相較之下，倒不如去找出市場上普遍被忽略的需求，然後從敵手疏於防備處下手，達到「反客為主」目的。

## 商戰筆記

- 成功，取決於能力，取決於膽識，也取決定於使用的策略是否正確。
- 商機，往往就藏在被忽略的市場需求裡。

第31計

# 美人計

【原文】

兵強者，攻其將；將智者，伐其情。將弱兵頹，其勢自萎。「利用禦寇，順相保也。」

【注釋】

將智者：將智者，指足智多謀的將帥。

伐其情：即從感情上加以進攻、軟化，抓住敵方思想意志的弱點加以攻擊。《六韜·文伐》中就主張以亂臣、美女、犬馬等手段攻其心，摧毀其意志。

利用禦寇，順相保也：語見《易經·漸卦》。禦，抵禦。寇，敵人。順，順利、順勢。保，保存。全句意思爲：此計可用來瓦解敵人，順利保存自己。

【譯文】

如果敵軍強大，就設法對付他的將領；對付足智多謀的將領，就要設法動搖他的意志。敵人將領鬥志衰退，兵卒士氣低落，戰鬥力就會喪失殆盡。充分利用敵人弱點進行控制和分化瓦解，就可以保存自己，扭轉局勢。

【計名探源】

美人計，語出《六韜．文伐》：「養其亂臣以迷之，進美女淫聲以惑之。」意思是，對於實力強大的敵方，要使用「糖衣炮彈」，先瓦解將帥的意志，使其內部喪失戰鬥力，然後再行攻取。對兵力強大的敵人，要制服對方將帥；對於足智多謀的將帥，要設法腐蝕。如果將帥鬥志衰退，那麼士卒肯定士氣消沉，失去作戰能力。只要利用多種手段，攻擊對方弱點，我方就得以保存實力，由弱變強。

中國古代，每當在政治、軍事鬥爭處於劣勢乃至於絕境時，便將女人作爲撒手鐧抛出。美人計早在春秋戰國時就出現，在吳越爭雄中，浣紗女西施被勾踐送到吳國，用來迷惑吳王夫差。

當時，吳國強大，越國難以靠武力取勝，大夫文種向越王獻上一計：「高飛之鳥，死於美食；深泉之魚，死於芳餌。要想復國雪恥，應投其所好，衰其鬥志，這樣可置夫差於死地。」

西施就在這種情況下被送到吳國，最終越王由文種和范蠡幫助，滅掉了吳國。

# 第一印象是決定成敗的重要關卡

在現實生活中，因「第一印象」的好壞而影響經營的例子比比皆是。再也沒有比帶給別人不好的第一印象更壞的廣告了。

大多數人都喜歡美好的事物，看事情時也都會受到第一印象影響，因此擁有一個整齊的「門面」，對企業形象的建立相當重要。

有一家成衣工廠，生產的襯衫質地優良且式樣新穎，一直很受下游零售商與顧客們喜愛。有一天，一位日商慕名前來洽談訂貨。廠長得知興奮不已，領著他仔細參觀廠房，接著又進到廠長室洽談，但只坐下不過幾分鐘，這位日商就推說還有要事，告別而去，從此沒有下文。

不久又來了一位美商，一踏入工廠馬上開口說：「這是怎麼回事啊？也未免太亂、太髒了吧？很抱歉，我不希望與這樣的工廠合作。」說完，甚至連辦公室都不肯進，就掉頭離開。如此奇恥大辱，使得廠長和工人們無地自容，就像是被當衆賞了一巴掌一樣難受。

這兩名外商是否刻意刁難？

答案是否定的。這間工廠的環境實在是不堪入目，棉花、布料散亂遍地，機器設備上佈滿厚厚的灰塵，電線上纏繞著沾滿灰塵的破布條，成品也東一件、西一件雜亂無章地堆放著……

這兩次遭遇使他們反省自己，明白想要開創第一流產品，首先得打造第一流的廠貌和第一流的工作環境。從此，這間工廠定期清理整頓環境，整個工廠彷彿脫胎換骨，廠區空氣清新，廠房設備陳列井然有序，工人們衣飾整齊精神煥發。

徹底改造之後的工廠發生了戲劇性的變化，後來又有日本客商到廠內參觀，當下提出要求：「把我們的產品調到這個廠裡來做吧！」隨即將一些產品轉由這家服裝廠來生產代工。

之所以產生前後鮮明的對照，決定性的關鍵在工廠給予客戶的「第一印象」。

髒亂的環境嚇跑了外商；整潔有序的環境讓外商留下良好印象。

在現實生活中，因「第一印象」的好壞而影響經營的例子比比皆是。試想，如果商店的櫥窗和陳列櫃裡擺著不美觀的產品，如果工廠髒亂不堪，這將給顧客們帶來什麼樣的印象？

再也沒有比這更壞的廣告了。

精明的企業領導人總是善於從第一步著手，隨時隨地給人良好的印象，才能讓客戶有進一步交易的興趣。

## 商戰筆記

- 無論與人交往或是商場上的交易，「第一印象」往往是決定能否進一步發展彼此關係的要素。
- 有良好的「第一印象」，才能為顧客營造美好的想像空間，進而帶來大筆生意。

# 建立美好名聲，打響品牌行銷

相同的商品在披掛上新的品牌形象之後，很可能就被視為是一種優質產品，這是因為原來知名品牌已給予消費者相當的信賴度。

人都喜歡美好的東西，看事情時也都會受到第一印象的影響，因此擁有一個整齊的「門面」，對企業來說相當重要。

一個企業要在現今日益激烈的競爭中求生存、發展，進而擊敗對手，就要時時刻刻精進自身，在注意商品內在品質同時，還須講求外在形象的美化。

所謂外在形象，不僅是產品核心概念的延伸與具體化，體現並反映內在價值，還會直接表現出設計製造者的審美觀。

在激烈的市場競爭中，經營者應冷靜、客觀地分析市場形勢，預測市場前景，正確掌握「包裝」的藝術。

「第一印象」非常重要，往往決定了產品的銷路，因此在包裝或文宣的設計上都必須謹慎，應力求鮮明顯眼，突顯主題。

當然，對「美」的追求不可只重表面，或是流於媚俗，「金玉其外」或「不修邊幅」都不好，內外並重才是最理想的呈現方式。

消費者要認識一個新產品，首先必定會注意外在形象，因此若是在造型、款式、包裝等方面下功夫，多半可以藉此留下美好的第一印象，使消費者賞心悅目，繼而對產品備加青睞。

根據調查，購買動機之所以產生，多半是受到「第一印象」的刺激，也就是人們的「愛美之心」在發生作用。

當然，包裝和產品必須相得益彰，不能因此捨本逐末，只知盲目於追求包裝的華貴，而忽略品質的提升，否則便變成「金玉其外，敗絮其中」。

包裝的眞正目的在於行銷產品，刺激購買慾望，提升產品本身品質才是可以眞正能在商場致勝的不二法門。

同樣的產品，在不同的包裝、不同的品牌之下，很可能會有截然不同的結果。有些商品在消費者的觀感中是「外國的月亮比較圓」，總會認爲國外的產品一定會比國內品牌的商品來得品質優良。

這就是品牌的差異，一旦建立起美好名聲，就能在顧客心中留下良好印象，對於產品的觀感也就不同。

透過名人、權威、專家背書，確實能爲產品建立起相對信賴度，嚴格來說，算得上是一種「美人計」。

藉由外在的良好形象、聲名來吸引人注意，促進消費者購買的慾望。這種做法，在現今已成爲品牌促銷的主流。然而，品牌包裝的手法，可說是雙面刃，如果使用不當，可能反而讓自己受傷。

透過馳名的商標、知名的公司或著名的權威等方式營造美名，並且借用美名在消費者心目中建立起的良好聲譽，促銷質量可靠、卻鮮爲人知的商品，確實可以在一時之間成功刺激銷量。

購併風潮之下，原本銷售不佳、經營不善的企業可能被知名大廠併購；相同的商品披掛上新的品牌形象之後，很可能就被視爲是一種優質產品，這是因爲原來知名品牌給予消費者相當的信賴度。

但是，如果這些品牌企業不能徹底把關品質，反而會讓預期高水準的消費者感到失望。一旦消費者難以忍受，相對也會損害品牌的未來效益。

假使企業能夠妥善經營品牌形象，成功在顧客心理建立美好名聲，以優良品質、高貴價值的印象對顧客強力行銷，將能夠順利打響品牌行銷，爲企業創造出顯著的佳績。

商戰筆記

- 「第一印象」往往決定了產品的銷路，因此在包裝或文宣的設計上都必須謹慎，應力求鮮明醒目。
- 藉由品牌強化產品印象確實是行之有效的促銷手段，但是切記不可過度誇大，否則就有「誇大不實」之嫌。

# 討好客戶，以最小投入換取最大產出

上海全錄公司用一台別具意義的影印機，打了一場漂亮的宣傳戰，讓最小投入得到最大產出，討好了現在與未來的客戶群。

一九九〇年七月，中資與美商合資經營的上海全錄影印機有限公司，終於成功生產出第一萬台影印機。這不僅對上海全錄公司來說相當有意義，象徵了經營的穩定成長，更是當地影印機製造業有史以來的最高生產紀錄。

可以想見，如果將具有新聞性的「第一萬台影印機」當作贈品送出，必定會是個穩固公共關係並打響知名度、增加曝光率的大好機會。

定下目標之後，全錄公司公共關係部立刻開始尋找合適對象，經過幾番斟酌、考量，最後瞄準了「上海浦東開發辦」。

全錄公司將受到關注的第一萬台影印機當作表示善意的贈品，贈送給「上海浦東開發辦」，可以得到以下三個好處：

第一，全力開發浦東區是上海當時施政的重點之一，因此向「上海浦東開發辦」贈送影印機，一定可以引起新聞媒體與社會輿論的關注。

第二，「上海浦東開發辦」不僅僅是政府機構，還代表了一個潛力無窮的龐大開發區，捐贈活動將能樹立良好的企業形象。

第三，浦東是一個很大的潛在市場，隨著開發腳步加快，未來將會有大批的中資、合資、獨資企業及金融機構進駐，這些都將會是上海全錄公司的潛在用戶。透過捐贈，將有效達到市場誘導作用。

爲了確實發揮影響力，換取最大利益，全錄公司公關部策劃了兩次大型公關活動。首先召開記者會，慶祝「第一萬台影印機」的誕生，廣邀新聞媒體到場採訪，不僅大肆宣傳公司的經營成就，還透露了有意將這台別具象徵意義的影印機贈送給「上海浦東開發辦」。

第二次則是正式在上海賓館舉行贈送儀式，並利用這次機會邀請經銷單位、客戶參與，再次鞏固公司與大衆的關係。

想當然爾，消息放出後，各大媒體都進行了大篇幅的專題報導，並在社會上引起了廣泛關注與迴響。

上海全錄公司成功用一台別具意義的影印機，打了一場漂亮的宣傳戰，讓最小的投入得到最大的效益，討好了現在與未來的客戶群，計策的靈活與準確都相當值得讚許。

## 商戰筆記

- 經商不是做慈善事業，任何付出都要經過詳細計算，務求以最小的成本發揮最大的效果。
- 別放過任何可能機會，尤其是那些潛力無窮的地點或客戶，更是需要好好拉攏，加以把握。

# 發揮「美人計」的驚人威力

戲法人人會變，各有巧妙不同，把握社會大眾普遍抱持的「愛美」、「審美」之心，就可以將「美人計」的威力發揮到最大。

古代的謀略家為了爭搶權位、利益，拉攏同伴、迷惑對手，常會使出一個很有效的招數，以美色進行誘惑，名為「美人計」。

時至今日，我們仍舊可以在商場上發現「美人計」的精采運用。只不過，現代的「美人計」涵義更廣泛，指的不僅僅是靠美色迷惑別人，更著重於以品牌塑造、形象包裝引起眾人注意，換得利潤與成就的目的。

絕大多數人都喜歡美麗的東西，都希望看到「美」，若能滿足這種渴求，刺激消費慾望，就能吸引消費者掏出他們的錢包。

不僅要用知名、漂亮的明星當代言人，滿足表面的美，更要提升產品水準達到更高層境界，這才是在商業經營中使用「美人計」的最大意義。

「美人計」是一種通稱，實際上可以運用的手段多種多樣，當然也同時包括了公關、宣傳、對外聯絡、獵取情報等等。

在現實經濟生活中，因爲「第一印象」的好壞，而直接影響到生產經營的例子，幾乎到處可見。

試想，如果商店的櫥窗和陳列櫃裡擺上包裝拙劣的產品，將給顧客帶來什麼「第一印象」？還有比這更壞的拆台廣告嗎？

所以，精明的企業領導人總是善於從包裝著手，創造美好的形象，隨時隨地給人良好的「企業印象」。

簡而言之，「美人計」的目的是迎合消費者的愛美心理，滿足衆人的感官刺激，激發消費慾望。

戲法人人會變，各有巧妙不同，把握社會大衆普遍抱持的「愛美」、「審美」

之心，就可以將「美人計」的威力發揮到最大極限。

商戰筆記

• 凡是人都喜歡「美色」，都希望看到賞心悅目的事物，若能滿足這種渴求，刺激購買慾望，就能吸引消費者。

• 不僅要滿足表面的美，更要提升產品水準達到更高層境界，這才是在商業經營中使用「美人計」的最大意義。

# 別輕忽了形象對生意的影響

絕大多數生意人有「多賺少花」的心理，或者根本只賺不花，卻不曉得一味抱著嗇吝心理，就等同限制了自己。

千萬別忘了花點心思包裝自己，因爲好形象的幫助非常大，可以讓自己在第一時間抓住顧客的眼光。

在商場上，良好的形象非常重要，形象塑造得好，甚至可以爲經營者和企業帶來運氣和財富。

想在商場勝出，就應當懂得「形象就是資本」的道理，想辦法吸引社會大衆的注意力，滿足並迎合消費者的願望與需要。如果能夠做到這點，財源滾滾、飛黃騰達將不是夢想。退一步說，我們很難想像形象不佳、聲望低落的商人會受到歡迎，被顧客信任。

原本專門從事中東地區軍火買賣的商人阿德南．卡索吉，就因爲巧妙的轉變自己的形象，因而成功致富。

卡索吉創業初期，軍火買賣確實讓他賺進不少錢，但是這個特殊行業發展畢竟有限，給一般人的印象也不太好。隨著財富不斷增加，卡索吉開始想要將觸角延伸到其他領域，於是著手成立了一個跨國聯合企業，在世界各主要大國設立辦事處，積極進行投資。

由於資本雄厚且投資有道，很快地，卡索吉在三十八個國家擁有分公司。接著，他創建的「三聯」基金會在華盛頓成立，公開宣布未來將全力推動、促進美國與中東的文化學術交流。

基金會成立的消息傳開後，立刻引起轟動，許多以研究中東問題爲主的各大學和機構所提出的贊助申請書，就像雪片般飛來。

卡索吉出錢資助的項目很多、範圍非常廣，不僅爲美國學生前往中東進行考察提供資金、組建國際金融學院，也培育第三世界國家的貧困學生。其中，國際金融學院即是根據「三聯」公司的建議而組建，目的在鼓勵沙烏地阿拉伯的銀行打破過往狹隘觀念，將眼光放遠，向所有用戶提供服務。

國際金融學院的建立，成功將美國銀行的經營方式引入沙烏地阿拉伯，並以資金在當地培育出爲數眾多的優秀人才。

卡索吉在美國的發展相當順利，不久之後，他把「三聯」基金會搬到倫敦，更名爲「卡索吉基金會」，繼續致力於慈善及公益、學術……等等活動。這些活動究竟對卡索吉的事業推動有什麼好處呢？

卡索吉認爲，一個企業家想要賺錢，不能只進而不出，有時候透過適當的時機與手段「花錢」，反而可以更有效、更迅速地打響名聲、扭轉形象，吸引更多資金流向自己。

經商是一種互動的過程，投入越大，收入自然越大。絕大多數商人對賺錢和用錢的學問懂得太少，往往會有「多賺少花」的想法，或者根本只賺不花，卻不曉得一味抱著嗇吝心理，就等同限制了自己。

捨得花錢從事慈善、公益活動，幫助了卡索吉獲得成功。

商場競爭雖激烈，局勢變化多端難以概括，但若不能樹立良好形象，同樣不可能成就過人的大事業。

## 商戰筆記

- 真正的生意人，前進的企圖心永無止境，想要成功，或是扭轉危機，就得拿出膽識，並告訴自己必須先有所付出，以求自我突破，換取後續滾滾而來的利益。
- 千萬別忘了花點心思包裝自己和自己的企業，因為良好形象的幫助非常大，可以在第一時間抓住顧客的眼光。

# 第32計 空城計

【原文】

虛者虛之，疑中生疑；剛柔之際，奇而復奇。

【注釋】

虛者虛之：第一個虛字，空虛，與實相對，指軍事力量不敵對方；第二個虛字是動詞，顯示虛弱的樣子。句意爲：劣勢的軍隊面臨強敵，故意顯示空虛。

疑中生疑：第一個疑字，是可疑的形勢；第二個疑字是動詞，懷疑。意爲面對可疑的形勢更加生疑。

剛柔之際：這裡是指敵我雙方懸殊的時刻。

奇而復奇：奇妙之中更加奇妙。

【譯文】

本來兵力空虛，卻故意把空虛的樣子顯示在敵方面對，使敵人眞假難辨，在疑惑之中更加疑惑。在敵強我弱的情況下，運用這種策略，效果更加奇妙。

【計名探源】

空城計是一種心理戰術，目的在於讓敵人心生疑慮。在己方無力守城的情況下，故意向敵人曝露空虛，即所謂的「虛者虛之」。敵方產生懷疑，認爲這裡面有陰謀，便會猶豫不前，即所謂的「疑中生疑」。敵人怕城內有埋伏，自然不敢陷進埋伏圈內。但這是玄而又玄的「險策」，使用此計的關鍵，是要把握好敵方將帥的心理狀態及性格特點。

西元前六六六年，楚國令尹公子元親率兵車六百乘，浩浩蕩蕩攻打鄭國。楚國大軍一路連戰皆勝，直逼鄭國國都。

鄭國無力抵擋楚軍進犯，危在旦夕，群臣慌亂，有的主張割地賠款議和，有的主張決一死戰。上卿叔詹認爲這兩種主張都不是上策，分析說：「議和與決戰都無利於我。固守待援，倒是可取的方案。鄭國和齊國訂有盟約，而今有難，齊國會出兵相助。只是，空談固守，恐怕也難守住。公子元伐鄭，實際上是想邀功圖名，一定急於求成，特別害怕失敗。我有一計，可退楚軍。」

鄭國按叔詹的計策，在城內做了安排。命令士兵全部埋伏起來，不讓敵人看見一兵一卒。令店鋪照常開門，百姓往來如常，不准露出一絲慌亂之色。然後大開城門，放下吊橋，擺出完全不設防的樣子。

楚軍先鋒到達鄭國都城，見此情景心中起疑，擔心城中有埋伏，不敢妄動。公子元趕到城下，也覺得好生奇怪，率衆將到城外高地觀視，見城中確實空虛，但又隱約看到鄭國的旌旗甲士。

公子元認爲其中有詐，不敢貿然進攻。這時，齊國接到鄭國的求援信，已聯合魯、宋兩國發兵救鄭。公子元聞報，知道三國兵士開到，楚軍定不能勝，還是趕快撤退爲妙，於是下令全軍連夜撤走。

# 商場戰略重在膽識與謀略

運用「空城計」可以隱瞞自己強大的實力，使多疑的競爭者或顧客產生錯覺，有利於經營。

敵人大軍壓境，但自己城中無兵卒，該怎麼辦？

諸葛亮大膽上演一場空城計，這就是膽識。實際上，公司常常會遇到這種「大軍壓境」的狀況，此時需要的是敢於面對的精神。

《三十六計》曰：「虛則虛之，疑中生疑；剛柔之際，奇而復奇。」

意思是以弱對強，最宜裝作未加防備，乾脆以己之短迷惑對手，使對手難以臆測自己的眞正情勢而不敢輕易來犯。在敵強我弱、敵衆我寡之際，以虛對實就顯得更加高超玄妙。

競爭中較爲弱勢的一方若是裝作不加防備，對手一見，會疑慮叢生，既擔心有「撒手鐧」，又擔心自己誤入圈套，最終貽誤戰機。

這是商戰中一種「使智者不及謀，勇者不及怒」的心理攻勢。

保羅．蓋蒂是石油企業家喬治．蓋蒂的兒子，從英國牛津大學畢業回到美國後，便決心從事石油開採業。

但是，他不想依靠十分富有並在美國石油界頗有影響力的父親，期望憑自己的本領，獨立開創一番事業。

某年，美國奧克拉荷馬州有一個石油礦井招標，參加投標的企業很多，不少投標者實力雄厚、競爭相當激烈。

此時，保羅．蓋蒂才成立的公司資金不足，不是那些大企業家的對手，但這個油礦很有潛力，對他的事業發展非常重要。怎麼辦呢？經過冥思苦想，保羅．蓋蒂想到了一個高招——空城妙計。

投標那天，保羅．蓋蒂租了一身十分華貴的衣服，約了一位他熟悉的知名銀行家，與他一同前往投標會場。

到了會場，保羅．蓋蒂顯得氣度不凡，胸有成竹，再加上身旁有位銀行家陪伴，使得在場的企業家目光都集中到他的身上。

那些躍躍欲試，準備在投標中一決勝負的投標者，心裡不免忐忑不安。想到保羅．蓋蒂是石油富商的兒子，現在又有大銀行家做「參謀」、當「後盾」，自己必定不是對手。

投標會場發生了戲劇性的變化，企業家們相繼離開，留下的也不敢出價競價。結果，唯一出價者保羅．蓋蒂以五百美元的低價輕而易舉得標，空城妙計奏效。

四個月後，保羅．蓋蒂標中的那個油井開採出優質石油，他馬上以四萬美元的價格將油井售出，很快便獲得三萬多美元的淨利。

保羅．蓋蒂一處又一處地投資開採石油，不斷成立新的石油公司，二十三歲時就成爲擁有四十家石油公司的富翁。

運用「空城計」的成功關鍵在於抓住顧客、消費者或是競爭對手的心理，採取以實示虛，或以虛示實的手法，使消費者、競爭對手產生疑惑，進而一舉獲勝得利。

在商業競爭中，運用「空城計」的關鍵在於故意顯示自己實力不足，或者隱瞞自己強大的實力，使多疑的競爭者或顧客產生錯覺，有利於經營。

比如透過限制銷售營造自己的產品供不應求的狀況，藉以刺激消費需求；產品滯銷時，故意造成產品暢銷的假象，誘發消費者的購買欲。

更高明者，則對一些搶手的商品囤積居奇，佯稱缺貨，待物價上漲之後，再將庫存品源源不斷地翻倍抬價出售。

諸如此類，其實都源自「空城計」的啓示。

### 商戰筆記

- 施展空城計需要具備足夠的勇氣，以及能夠成功欺瞞對手的信心，才能順利向競爭對手發動心理攻勢。
- 商場經營不可能永遠一帆風順，遭遇困境時只要多動點腦筋，嘗試使用各種經商策略，必能幫助自己度過難關，進而邁向成功。

# 拿出膽識才能扭轉劣勢

死腦筋或膽小的人都成就不了大事業，不可能當一個出色的商人。有膽識，才能在關鍵時刻做出最大膽卻妥當的決定。

古人留下許多出色的妙計，但在運用時切忌不懂變通，必須配合自己與對手的狀況與需求進行調整，方能達到最好效果。

許多人都聽過「空城計」，卻不懂得這個計策真正的奧妙。

當兵臨城下、將到壕邊，一切條件都對自己不利，該怎麼辦？這時，就是使用空城計的最好時機；雖然力量空虛，卻表現出已有萬全防備的模樣，藉以遏阻敵人進逼，保護自己的利益。

當然，這種時候也意謂著，施計者本身必須具備相當的膽量。

越是冷靜，越能讓對手摸不清狀況，甚至被自己的氣勢嚇阻，不戰自退。

這個道理不僅驗證於軍事行動，在商業領域中也有相同效果，以下就是一個最好的例子。

日本有一家名叫DC的公司，因為周轉不靈，面臨了破產威脅。大量滯銷產品堆積在倉庫裡，如果低價拋售，雖可換得現金，公司卻必定元氣大傷，從此一蹶不振。可是，銷不出去，只會使狀況越來越糟，終究逃不了倒閉命運。

危機當頭，究竟該怎麼辦呢？對此，經理山本村佑的心裡十分苦惱，卻總想不出兩全的辦法。

沒想到，過了不久，竟出現一個大好機會——有一家美國公司願意買下DC公司的產品，並以現金支付，但開出的價錢卻是等同成本的最低價格。

山本村佑靈機一動，決定在談判桌上使出空城計。

首先，他不露聲色，對陷入弱勢的處境絲毫不感到著急。等談判會議進行一段落後，他找來一名事先安排好的職員，假意詢問前往韓國的機票和旅館是否辦妥。

然後，他輕描淡寫地對美方代表解釋，自己即將前往韓國，預備要洽談一筆大生意，言談間有意無意表露出對這次會議其實沒有太大興趣的模樣。

山本氣定神閒的態度，果然成功擾亂了美商代表。最終，美商代表沉不住氣，主動提高價錢買下了DC公司的產品。

山本運用心理戰，漂亮地使出一招空城計，表現出無所畏懼的模樣，果然使美方代表因爲疑慮而不敢「趕盡殺絕」，最終只能選擇退讓。由於山本靠著膽識和行動，成功扭轉劣勢，帶領公司走出危機。

死腦筋或膽小的人都成就不了大事業，不可能成爲出色的商人。有膽識，才能在關鍵時刻做出最大膽卻妥當的決定。

## 商戰筆記

- 當情況對自己不利，應該用什麼態度應對呢？最好的方法就是保持「冷靜」。越是氣定神閒，越能讓對手摸不清狀況，甚至被自己的氣勢嚇阻，不戰自退。

# 肯動腦筋，一定找得到商機

成功的商人，不墨守成規、不拘泥現狀，隨時尋求突破點，務求抓住每一分可供利用的價值。

眞正的生意人，前進的腳步與企圖心必定永無止境。他們知道，想要成功，或是扭轉危機，就得拿出膽識，並告訴自己必須先有所付出，以求自我突破，換取後續滾滾而來的利益。

尤伯·羅斯是一名美國人，小時候家境很不好，到了大學畢業又因爲求業艱難，四處碰壁而感到挫折。後來，好不容易邁出創業的第一步，卻不幸虧損了十萬美元，使他受到相當大的打擊。

後來，他轉向經營運輸諮詢公司，專爲各家中小航空公司、輪船公司、飯店代理訂票業務，才終於得到一筆可觀收入。

一九七八年，「第一旅遊公司」正式在他的規劃下成立。也因爲長期的人脈經營，使得尤伯．羅斯在業界漸漸闖出名號。

一九八四年七月，第二十三屆奧運會決在美國洛杉磯市舉行，沒想到表面雖聲勢浩大，實際上卻面臨了空前危機，因爲洛杉磯市議會竟拒絕承辦。

主要原因在於，舉辦奧運會並不如一般人看上去風光得意。像在加拿大蒙特利爾舉行的第二十一屆奧運會即虧損十億美元；前蘇聯莫斯科舉行的第二十二屆奧運會，更是創下空前新高的虧損。

國際奧會只好火速召開緊急會議，決議同意奧運會的經費不由主辦城市負責，改採商業化方式籌集資金，至於規劃招募並統籌所有贊助款項的人選，則選定由尤伯．羅斯擔任。

對於這個邀約，尤伯．羅斯起初也有點猶豫，因爲風險實在太大。但他最終仍決定應允，以一千零四十萬美元的金額將「第一旅遊公司」賣掉，全心全力迎向未知的挑戰。

籌資的第一步，就是把奧運會的電視轉播權設爲專利舉辦拍賣。尤伯羅斯親自出馬遊說，結果相當順利，成功籌集到二．八億美元。

籌資的第二步，是廣邀各大公司出資贊助。他巧妙地利用了各大公司都想透過贊助提高自身知名度的心理，宣布本屆奧運會只接受三十家企業爲正式贊助商，且彼此之間性質領域不可重複，金額由四百萬美元起跳，贊助者則可取得周邊商品專賣權。

消息一出，果然引起各大公司競標，很快又得到近四億美元。

當然，事情並不全都一帆風順，例如在募集軟片公司贊助時，美國柯達公司自恃是全世界最大公司，姿態相當高傲，不願給付四百萬美元的權利金，尤伯．羅斯見狀，馬上果斷把贊助權和專賣權以七百萬美元全部賣給日本富士公司。消息傳出之後，「柯達」公司十分懊悔，只得咬牙付出一千萬美元代價，買斷ABC電視台在奧運會期間的全部膠捲類廣告時段，以求封鎖富士公司。

尤伯．羅斯的腦袋轉得很快，不僅向大公司下手，也沒放過一般群衆。公佈奧運會在開幕之前，要從希臘奧林匹克村將聖火空運到紐約，再傳至全美四十一個城市和近一千個小鎮，最後抵達洛杉磯，全程共計一萬五千公里。他利用人們期望能嘗試舉著聖火跑上一段路的心理，廣邀民眾參加，只要繳納三千美元，就可以帶著聖火跑上一公里。就憑這一項，又籌得約三千萬美元。

尤伯羅斯還想出了許多點子，透過各種可能管道，終於成功突破經費捉襟見肘的困境，募集到足夠款項，讓第二十三屆奧運會得以在洛杉磯舉行。

尤伯羅斯可說是成功商人的最佳典範，不墨守成規、不拘泥現狀，隨時尋求突破點；從不同的角度切入，對不同的族群下手，務求抓住每一分可供利用的價值。

## 商戰筆記

- 不同的對象，有不同的需求。能夠從不同角度切入，就能創造不同的價值。
- 沒有解決不了的困境，也沒有注定失敗的生意，端看經營者用什麼樣的態度去面對。唯有靈活變通的人，才可能獲得成功。

# 臨事不亂才能度過難關

松下幸之助大膽採用商戰中「空城計」，遭遇困境不是慌亂面對，而是逆向操作，到了最後果然態勢大改變，公司逐漸走出了困境。

松下電器公司是由松下幸之助創辦的大型電器王國，迄今已有百餘年歷史。在早年的經營歷史中，松下公司多次遇到生存危機，但是，松下幸之助每次都憑著過人的機智度過了難關。

二十世紀五〇年代，日本出現經濟大蕭條，松下公司的產品也大量囤積。有經營階層向松下幸之助建議裁去半數員工，以度過眼前的危機。這個消息洩漏出去後，公司上下人心惶惶。

此時，松下幸之助因病住進了醫院，松下公司的兩位高級總裁武久和井植到醫院看望松下。

「你們對公司目前的困境有什麼高見嗎？」松下問。

「看來除了裁員之外沒有其他更好的辦法了！」井植說。

松下在病床上欠起身，語氣堅定地說：「我已經決定一個人也不裁！」

武久和井植聽了，都大吃一驚。

松下接著說：「如果我們裁員，別人就會看出我們遭遇了困難。別的公司會趁機跟我們講條件，我們的處境會愈加艱難。如果我們不裁員，外界就會認爲我們仍然保有實力，競爭對手便不敢小看我們。」

「那麼空有這麼多員工，卻沒有那麼多的工作可做，該怎麼辦呢？」武久問。

「辦法我已想好了，改上半天班，工資按以往全天的標準分發。」

武久和井植回到公司，集合全體員工傳達了松下幸之助的決定。員工們聽到這個消息立即歡聲雷動，所有的人都發誓要盡力爲公司而戰，公司上下出現了萬眾一心、共體時艱的局面。

其他公司聽說松下公司不僅不裁去任何一人，甚至只上半天班卻撥發全天的工資，頓時感到松下公司不愧是實力雄厚的公司，必定有靈丹妙藥和回天之力。後來，松下公司靠著全體員工齊心協力，只花了兩個月時間便把積壓的產品全數銷售出去，安然度過危機。

松下幸之助不愧是經營之神，黑雲壓頂之時，大膽採用商戰中「空城計」的做法，遭遇困境不是慌亂面對，而是逆向操作，最後果然態勢大改變，公司逐漸走出了困境。

只要充滿信心，學習松下這種遇事不亂的危機處理能力，相信當將來面臨困境時，也同樣能夠平安度過。

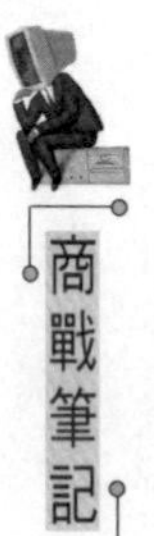

商戰筆記

- 商場起落往往難以預測，處於高峰時要穩定守成，遇到低潮時也要沉著處理，切忌慌亂躁動，讓對手一眼看穿你的漏洞。

# 把廣告打在最需要的地方

雀巢咖啡得以成功，並穩定地持續成長，不僅得力於獨具特色的廣告宣傳手法，還加上了適當的促銷策略、準確的產品定位。

做廣告不能亂槍打鳥，必須先一一釐清幾個重點：消費者在哪裡？他們需要的究竟是什麼？用什麼方式出擊最能抓住他們的心？

有清楚的定位，進行市場區隔，才不會白費力氣。

想要佔領市場，就該採用多樣化出擊，研發不同特性的產品，滿足不同階層與喜好的消費者，並輔以完善的經銷通路與促銷活動。

日本政府實施經濟自由化政策後，正式進口即溶咖啡，立刻引起流行風潮。此後數十年，雀巢完全掌控了日本的即溶咖啡市場，佔有七十%以上的銷售量。

雀巢咖啡在日本市場的銷售成功，主要是借鑑了美國的現代行銷策略，密集在電視、報紙、雜誌上廣告宣傳，有效強化了商品形象，抓住消費者的心。

雀巢黑標瓶裝咖啡不斷出現在電視螢幕和各大媒體。廣告文案相當令人心動，寫著：「市場佔有率達到世界第一，在許多國家都到支持喜愛的雀巢咖啡，讓您擁有買到好東西的成就感和滿足感，是最高級的即溶咖啡，請您一定要嚐試。」

當時，雀巢咖啡的售價並不便宜，但透過廣告所強調出的高級感，獲得了廣大消費者的認同。

第二年，雀巢咖啡則改以「集千萬粒咖啡於一匙中」的文案爲主打，並製作廣告歌曲連續在電視上放送。這一次的出擊不僅獲得好評，更讓主唱廣告歌曲的弘田三枝子成爲紅星。接著，雪村泉主唱的「咖啡，就是雀巢」，也成爲日本兒童琅琅上口的兒歌，雀巢咖啡已在大眾心目中留下了深刻印象。

眼見時機成熟，雀巢咖啡開始降價，進一步擴大消費者客群。

以全新技術冷凍乾燥法製成的雀巢咖啡上市，同一時間，「世界都市系列」廣告也同時開播。由於拍攝手法與題材新穎，使得「世界都市系列」在日本大眾心目

中留下了難忘印象。例如：

「在紐約的清晨，迅速地爲自己泡一杯咖啡嗜好者所愛喝的雀巢咖啡，迎接緊張而充實生活的開始。」

「如夢幻般的遊船泛於湖上，手捧一杯咖啡愛好者必備的雀巢咖啡，徜徉於浪漫的水都威尼斯，美好戀情的發祥地。」

「以法國麵包搭配雀巢咖啡與笑容，襯托巴黎的早晨，以熱騰騰的一杯雀巢咖啡，溫暖北歐斯德哥爾摩冰冷的氣候。」

「無論何時何地，讓雀巢咖啡與您同在。」

這就是「世界都市系列」的主要訴求，廣告意象成功打入了日本消費者的心，讓他們認爲喝雀巢咖啡是一種時尚，得以和世界各大城市居民體會相同的樂趣。

後來，雀巢推出了強調去除九十一%咖啡因的紅標金牌咖啡，但同一時期，黑標雀巢咖啡的銷售量並沒有因此受到影響。原因即是不同訴求、不同風格的廣告同時進行，讓兩者的銷售量都呈現穩定成長。

自從打入日本後，雀巢所推出的廣告全都達到了非常好的效果，在大眾心中留下深刻印象。絕大多數競爭者都誤以爲雀巢的成功只得力於廣告和促銷，於是一味模仿，卻忽略了奪得市場的最基本條件，在於滿足消費者需求。

事實上，雀巢推出的每一支廣告都具有「針對性」，目的在強化產品之間的差異，吸引不同階層消費者的注意。

爲了回應消費者多樣化購物的傾向，雀巢產品力求多樣化，意圖將所有客層一網打盡，從年輕人、成年人、老年人，不論男女，皆可買到自己喜歡的產品，再加上已經開發健全的銷售管道，自然能獲得良好效果。

總之，雀巢咖啡得以成功，並穩定地持續成長，不僅得力於獨具特色的廣告宣傳手法，還加上了適當的促銷策略、準確的產品定位。三者緊密結合，才造就了獨佔市場的盛景。

商戰筆記

• 想要佔領市場，就該採用多樣化出擊，研發不同特性的產品，滿足不同階層與喜好的消費者，並輔以完善的經銷通路與促銷活動。

# 第33計 反間計

【原文】

疑中之疑。比之自內，不自失也。

【注釋】

疑中之疑：疑，懷疑。意思是，在疑陣中再佈置疑陣。

比之自內，不自失也：語出《易經．比卦》：「比之自內，不自失也。」比，親比、輔助、援助、勾結、利用。此句可以理解爲利用敵人派來的間諜爲我方服務，可以有效地保全自己，攻破敵人。

【譯文】

在敵人佈置的疑陣中再反設一層疑陣，稱之爲反間。順勢利用敵人內部的策略去謀劃敵人，那麼就可以使自己不遭受損失，獲得最後勝利。

【計名探源】

反間計是指在疑陣中再布疑陣，巧妙地使敵內部的間諜歸順，我方就可萬無一

失。在戰爭中，雙方使用間諜，是十分常見的。

《孫子兵法》就特別強調間諜的作用，認爲將帥行軍作戰必須事先瞭解敵方的情況。要準確掌握敵方動向，不可以靠鬼神，也不可以靠經驗，「必取於人，知敵之情者也」。

所謂的「人」，就是間諜。

《孫子兵法．用間篇》指出，間可分爲五種：利用敵方鄉里的普通人做間諜，叫「因間」；收買敵方官吏做間諜，叫「內間」；收買或利用敵方派來的間諜爲我所用，叫「反間」；故意製造和洩漏假情況給敵方的間諜，叫「死間」；派人去敵方偵察，再回來報告情況，叫「生間」。

唐代詩人杜牧對此計解釋得十分清楚：「敵有間來窺我，我必先知之，或厚祿誘之，反爲我用；或佯爲不覺，示以僞情而縱之，則敵人之間，反爲我用也。」

# 毫無警覺就會吃大虧

表面上送往迎來，談笑風生，暗地裡警覺防範，滴水不漏。你想要探我的底，我就讓你摸不著；我要摸你的底，你卻毫無所覺。

現代社會對情報的需要量十分龐大，透過各種管道獵取情報，更是企業競爭不可或缺的手段。

據相關資料顯示，經濟間諜約佔世界間諜的百分之七十到八十以上。在這資訊至上的時代，工業間諜、商業間諜、科技大盜應運而生，活躍在世界各個領域。他們往往以旅客、記者、商人、僑民、演員、探險家……等等身分出現在各種場合，而且無孔不入地滲透到各大小企業。

曾經有位以華僑身分出現的訪問者，拍攝了中國大陸製造景泰藍的全程經過。不久之後，日本一家首飾工廠便製造出同樣的產品，銷往國際市場，與中國大陸進行競爭。

曾經有幾位日商在熱情洋溢的氣氛中，參觀了安徽某紙廠生產宣紙的全部過程，並全程錄影拍攝。臨走前，日商還索取了部分原料，甚至造紙用的井水。就這樣，宣紙生產的全部技術，包括原料、樣品，都被外國商人「友好地」悄悄帶走。

這些嚴峻的教訓實在令人吃驚，如果企業家心中沒有反間諜意識，那在商場上註定要吃大虧的。想在現代商戰中實施「反間計」，可以視情況，靈活運用古代流傳下來的兩種辦法：

- 曉以情誼大義，闡明利害關係，勸誘刺探己方技術情報人員反過來提供對方的技術情報。
- 不動聲色施行反間計，提供給對方虛假的、失效的、次要的，甚至是相反的技術情報。

商業間諜防不勝防，高明的商人應該表面上送往迎來，談笑風生，暗地裡保持警覺，防範商業機密外洩，做到滴水不漏。你想要探我的底，我就讓你摸不著；我要摸你的底，你卻毫無所覺。

活躍在商場上，難免會遇到苦心策劃的心血遭到竊取，若是因此亂了陣腳和方寸，那就等於成全了對手，輸得一敗塗地。唯有沉著面對，掌握線索並思考解決問題的方法，才能贏得風光體面，還讓內賊得到應得的教訓。

## 商戰筆記

- 商場上利用各種手法獲取商業機密是極為常見的行為，既然無法杜絕，那就用反間計應對，在談笑之中將對手推落懸崖。

# 遭遇算計，要學會將計就計

商場上爾虞我詐，各種非法手段司空見慣。當面臨危機時，能夠冷靜處理，機智面對，給予對手迎頭痛擊，才是最聰明的商場巧策。

美國國際商用機器公司（ＩＢＭ）曾經壟斷全世界商用電子電腦市場。為此，日本通產省大聲疾呼，想要在半導體電子電腦領域超過美國。

然而，要與ＩＢＭ公司競爭並不是一件輕而易舉的事，若想縮短追趕的時間，必須透過某種手段獲得美國新機種詳情。

於是，某家日本公司透過商業間諜活動，獲得ＩＢＭ公司新一代電腦極機密設計資料二十七冊中的十冊。這套大材料具有很重要的價值，是ＩＢＭ內部的一名職員萊孟德．卡戴特拿出來的。

為了獲得剩下的十七冊資料，日本公司繼續採取行動。高級工程師林賢治發了一封電報給與日本公司有業務往來的馬克斯維爾·佩利，要求佩利設法獲得其餘十七冊資料。

佩利曾在ＩＢＭ公司工作二十一年，辭職前最後的職位是ＩＢＭ公司先進電子電腦系統實驗室主任。接到電報後，他意識到此事非同小可，便將此事告訴了ＩＢＭ公司。

負責ＩＢＭ安全保衛工作的查理·卡拉漢為查清事實，抓住日本公司從事商業間諜的證據，要求佩利幫忙接近日本的林賢治，於是佩利成為雙面間諜。

為徹底追究盜竊犯的責任，聯邦調查局採取了誘捕的方法，聲稱美方公司有兩個高階管理人即將退休，透過這兩個人，任何極機密的硬體、軟體、手冊等統統能夠到手，日本公司想得到的東西都能從他們手中獲得。

日本公司方面不知這是誘捕之計，落進了陷阱。

一九八二年六月，聯邦調查局人員逮捕了日本公司派去收取情報的職員，並對該公司提起告訴。

在日、美兩國政府積極參與下，舊金山法院判處日本公司敗訴，並交還其盜竊

的全部資料。

商場上爾虞我詐，各種非法手段防不勝防，派出商業間諜竊取機密更是司空見慣。當面臨危機時，能夠學習ＩＢＭ公司冷靜處理，機智面對，給予對手迎頭痛擊，才是最聰明的商場巧策。

### 商戰筆記

- 面對奸滑狡詐的敵人，你要步步為營，巧設圈套，給予迎頭痛擊。
- 商場上充滿投機耍詐的行為，就要慎防對手的竊密行為。

# 找對問題，找對答案

不依循別人的經營模式，針對問題另闢蹊徑，找出最適切的因應對策，跳出陳舊的框架，即可以創新奪得勝利。

每一家企業都有可能面臨危機，最重要的是在走入絕路的時候能夠想辦法開闢新路，找出問題的癥結點，對症下藥，使企業長治久安。

碰到了困境，遇到了絕路，悲觀、絕望非但於事無補，還會墜向深淵。面對困難的時候，應當冷靜下來，好好想一想問題究竟出在哪裡，再找出相應的對策。如此，或許能另闢蹊徑，不至於一直處於被動挨打的狀態中。

美國人里布曼和里巴克原本在同一家廣告公司工作，主要負責市場調查的業務。

但是長期工作下來，兩人靜極思動，開始有了異動的念頭。

他們不願意繼續寄人籬下、為人作嫁，於是兩人商量的結果，決定要自己創業，當家做老闆。

離職之後，兩人合開了一家專賣漢堡的小吃店。當時，街上的漢堡店到處都是，彼此的競爭也相當激烈，想要異軍突起，需要花費一番功夫。

為了立於不敗之地，里布曼和里巴克決定善用自己的業務專長，開始進行各種市場調查。

調查的結果發現，各家漢堡店多半製作大型漢堡，強調份量多、營養足。同時，里布曼和里巴克二人也發現，美國人開始流行瘦身，爭相減肥和健身，怕胖的人幾乎對漢堡敬而遠之，即使買了，也頂多吃一半就丟掉。

發現這個現象讓兩人靈機一動，決定生產「超迷你漢堡」，強調只有一般漢堡的六分之一大小，更將熱量降低，以滿足減重人士的需求。這項策略果然一擊奏效，成功得到亮眼的銷售成績。

靠著迷你漢堡的構想，不只讓里布曼和里巴克二人大賺一票，更在五年內成功開展了十家分店。

里布曼和里巴克之所以能夠得到成功，就在於他們不依循別人的經營模式，而是取得市場情報後，針對問題另闢蹊徑，找出最適切的因應對策，跳出陳舊的框架，以創新的概念奪得勝利。

## 商戰筆記

- 不論創業或經營事業都有可能面臨危機，最重要的是在陷入困境的時候能夠想辦法開闢新路，找出問題的癥結點，然後對症下藥。
- 別人的經驗可以借鑑，不可以全盤抄襲，一味模仿將會把對方的問題一併接收。

## 別輕信詐騙者的謊言

如果出於正當的目的，運用適當的手腕，先博取對方的好感，進而使事情進展順利，就可以算是一種必要的手段。

在商場經營中，建立良好形象，利用手段博取對方的好感，例如「助人爲樂」、「行俠仗義」等等，往往能達到自己的目的。相對的，對於博取自己好感的人，也要多加留心。

希臘女船王克莉絲蒂娜．歐納西斯，擁有十億美元的財產以及五百萬噸的六十艘油輪船隊，名下位於地中海北端的斯科皮奧斯島，還具有重要的軍事戰略價值。前蘇聯的KGB試圖攫取女船王的「戰略性」家產，於是計劃對她施展「美男計」，企圖讓克莉絲蒂娜墮入情網，再進一步侵呑其家產。

但是，如何才能使這位「美男子」接近克莉絲蒂娜，並獲得她的好感呢？

KGB爲此精心策劃了一場「捨身救人」的撞車事件，讓「美男子」假行俠仗義之名接近目標。

一九七八年的某個晚上，在希臘首都的雅典大劇院，希臘女船王克莉絲蒂娜由蘇聯駐希臘大使陪同，觀賞莫斯科芭蕾舞劇團的專場演出，另一個俄國人考佐夫也在一旁坐陪。

演出結束後，在返回寓所的路上，汽車行駛到伯爾美大街時，對向一輛黑色的賓士汽車突然迎面衝撞而來。

眼看危險就要發生，克莉絲蒂娜嚇得用手捂住自己的雙眼。猛烈的一聲撞擊過後，當她再睜開眼時，只見那輛賓士車與另外一輛黑色的雪佛蘭相撞，而自己的車子完好無損。

原來，駕駛賓士車的是一名醉漢，開著車在馬路上橫衝直撞，千鈞一髮之際，一輛雪佛蘭車從後方飛速駛向前擋住了他。

駕雪佛蘭車的人正是考佐夫，在這場車禍中受了重傷。克莉絲蒂娜十分感動，

不久就與考佐夫結了婚。

其實，這樁「英雄救美人」的壯舉，是KGB精心策劃的。他們以此爲手段來打動克莉絲蒂娜的心，使她墜入情網。這一驚人之舉，果然奏效，考佐夫成了克莉絲蒂娜的丈夫，而且感情甚篤。只是婚後兩年多的生活中，由於考佐夫的間諜活動露出馬腳，兩人於是離異。

經營事業時，當然，不能仿效KGB的詐欺做法，但如果出於正當的目的，運用適當的手腕，先博取對方的好感，進而使進展順利，也算是一種必要的手段。

商戰筆記

- 商場競爭中爾虞我詐，害人之心不可有，但防人之心絕對不可無。
- 保持冷靜的思路，觀察周邊的動態，才能夠保持自己的安全，置身於風暴之外。

## 情報是市場競爭的關鍵報告

無論是旁敲側擊、迂迴繞進，或是收購對手的商品，甚至是利用商業間諜潛入收集，都是收集情報的重要步驟。

情報就是資本，情報就是財富。想在市場競爭中獲勝，情報搜集至關重要因爲知己知彼，才能百戰百勝。

收集競爭者的情報，可以充分了解競爭者的情況，使自己立於不敗之地。隨著情報的需求量日益增加，競爭性情報的收集正在飛速發展。

公司收集競爭情報，可以分爲四大類。

- 從正與競爭對手進行交易的組織或個人獲取資訊

主要顧客可以向公司提供有關競爭對手的情況，他們甚至可能願意收集、傳遞有關競爭對手的產品資訊。公司可以向顧客免費提供服務，藉這種關係，常常能夠獲得關於競爭對手正要推出的最新產品資訊。

- 觀察競爭對手或者分析實物證據

透過購買競爭對手的產品進行分析，以確定生產成本和製造方法。在美國，有些公司甚至購買競爭對手的垃圾。

但是，必須注意避開可能涉及非法的做法。最有效的方法就是派專人監視特定的競爭對手，例如「打入敵方內部」。

- 從新招募的職員和競爭者的職員獲取資訊

透過接見求職者或者與競爭對手的職員談話獲得情報。公司可以派人員出席專業會議、貿易展覽會，詢問競爭對手的工作人員問題，或者直接展開挖角，聘用競爭對手的關鍵工作人員，以便了解對手的情況。

- 公開出版品和非保密文件

看似沒有意義的公開訊息之中，仍可能含有競爭對手的資訊，有時招聘廣告所尋求的人員類型，會透露競爭對手的技術發展方向和新產品開發情況。

對於情報的收集，無論是旁敲側擊、迂迴繞進，或是收購對手的商品，甚至是利用商業間諜潛入收集，都是絕對不可鬆懈的重要步驟。

當對手早已拔腿朝著終點狂奔時，自己絕對不要還停留原地踏步，甚至是矇著頭往其他錯誤的方向前進。情報資訊是競爭的第一手材料，沒有準確的情報，競爭就等同盲目競逐。

## 商戰筆記

- 情報收集是商場必備的戰略秘笈，任何公司都應該做到。
- 收集情報必須無孔不入，唯有掌握正確情報，才能掌握未來市場發展動向。

第34計

# 苦肉計

【原文】

人不自害，受害必真；假真真假，間以得行。童蒙之吉，順以巽也。

【注釋】

童蒙之吉，順以巽也：出自《易經．蒙卦》：「童蒙之吉，順以巽也。」意思是說：不懂事的孩子單純幼稚，順著他的特點逗著他玩耍，就會把他騙得乖乖的。本計運用蒙卦的象理，指出以戕害自己的方式欺騙敵人，往往能順利達成目的。

【譯文】

人在正常情況下不會自己傷害自己，如果傷害自己必定別有用意。這樣以假作眞，以眞爲假，那麼計謀就能實現。要像欺騙幼童那樣迷惑對方，順著對方柔弱的性情來達到目的。

【計名探源】

人們都不願意傷害自己，因此自我「傷害」有時可以取信於人。對方如果以假當眞，定會信而不疑，這樣才能使苦肉之計得以成功。苦肉計其實是一種特殊的離間計，運用此計，己方要造成內部矛盾激化的假象，再派人裝作受到迫害的樣子，借機插到敵人心臟中去進行間諜活動。

苦肉計出自《吳越春秋》，春秋時期，闔閭殺了吳王僚，自立爲王。吳王僚的兒子慶忌是天下聞名的勇士，正在衛國招兵買馬，準備攻回吳國奪取王位。闔閭懼怕慶忌爲父報仇，整日提心吊膽。

闔閭要大臣伍子胥替他設法除掉慶忌，伍子胥推薦了一個智勇雙全的勇士，名叫要離。闔閭見要離矮小瘦弱，有些失望地說道：「慶忌人高馬大，勇力過人，你如何殺得了他？」

要離說：「刺殺慶忌，要靠智不能靠力。只要能接近他，事情就好辦了。」

闔閭說：「慶忌防範嚴密，又怎麼能夠接近他呢？」

要離說：「請大王砍斷我的右臂，殺掉我的妻子，這樣我就能取信於慶忌。」

闔閭不肯答應，要離說：「爲國亡家，爲主殘身，我心甘情願。」

不久，吳國忽然流言四起，指稱闔閭殺君篡位，是無道昏君。吳王下令追查，原來流言是要離散布的。闔閭下令捉了要離和他的妻子，要離當面大罵昏君。闔閭假借追查同謀，未殺要離，只是斬斷了他的手臂，把他夫妻二人收監入獄。

幾天後，要離從監獄逃走了。闔閭就殺了他的妻子，並發佈公文緝拿。這件事不僅傳遍吳國，連鄰近的國家也都知道了。

要離逃到衛國求見慶忌，請求慶忌爲他報斷臂、殺妻之仇。

很快，要離成了慶忌的親信。不料，慶忌乘船向吳國進發時，要離乘他沒有防備，從背後用矛盡力刺去，刺穿了胸膛。

慶忌因失血過多而死，要離完成了刺殺慶忌的任務，也自刎而死，這就是春秋時期最著名的苦肉計。

# 先吃苦頭，終能吃到甜頭

事業陷入僵局的時候，不妨試著使用「苦肉計」。能善用此計者，雖然一時之間必得吃足苦頭，但往後的甜頭才是一生受用的。

想迅速打開商品知名度，有時必須使用激進、強烈的方式，吸引眾人目光，引起話題，苦肉計不失爲一個妙法。

「三十六計」中的苦肉計是種心理戰術，因爲一般人都相信人不會傷害自己，使自己受害必然是眞的；假戲眞做，眞戲假做，交叉進行，就會使人深信不疑。

生意場上用「自戕」手法謀取經濟利益，其中一個表現手法是「犧牲打」，即不斷降價推銷商品或服務。

生鮮食品因爲生產或採摘時間不同，價格差別很大。這種因食品存放時間過久而降價銷售的辦法，便是大川進一郎首創的。

大川進一郎原本是三洋公司的技術人員，爲公司開發新型冰箱成功，領到一筆爲數可觀的獎金。一開始，他用這筆獎金開設「大川保齡球館」，但保齡球館生意清淡，不得不停業。後來，他把保齡球館改頭換面成爲食品銷售中心，卻又因隔壁有家「中內食品廉價商場」，自家生意時時受到威脅。

進退維谷之際，大川從報紙得悉：「美國各大城市百貨公司競相實行減價差半的銷售法，結果一向冷清的商店顯得熱鬧無比。」一個新的念頭遂湧上他的心頭。

「中內食品廉價商場」是把生鮮食品裝在袋子裡賣的，價格整天都不變。大川便反其道而行，把各種肉類、果蔬擺在店面讓顧客任意挑選，魚、肉、蔬菜時間一久就減價出售，早晚的價格就有很大差異。從此，大川的食品銷售中心生意越來越好，顧客時常擠得水洩不通，隔壁的食品商場終於被它擊敗。

降價出售，乍看之下毫無高明之處，但往往會打開通路，吸引更多人的注意。各種成功的案例，都有獨特的謀略，下面這個例子更是令人拍案叫絕！

日本一個企業的經理一直對德國的啤酒很感興趣，想在東亞建立大型啤酒廠。他曾試圖到德國學習啤酒的製作技術，但當時啤酒廠的保密程度很高，根本找不到竊取技術的門路。

想來想去，別無他法，這位經理就扮作難民到德國流浪。他在一家大型啤酒廠周圍觀察了一個多月，最後終於想出了一個進廠竊密的機會。

有一天，這家啤酒廠總經理的汽車從廠內開出，這位日本難民突然往前一衝，製造車禍。德國人只好自認倒楣，把他送進醫院治療。傷好之後，日本人要求進廠當個看門人，以維持生活，德國人答應了這一要求。這位流浪的「難民」終於當上了這家啤酒廠的守門員。

日本「難民」在德國啤酒廠守門三年，工作非常認眞，對進出廠的貨物檢查十分仔細，最後把該廠的配方、生產流程摸得一清二楚。

突然有一天，「難民」失蹤了。又過了三年，德國啤酒商發現日本和東亞一些國家不再買德國的啤酒了，又聽說日本也能生產高品質的啤酒。

德國啤酒廠商專程到日本訪問，令他大吃一驚的是，日本啤酒廠的經理竟然是負責看門的那個「難民」。他犧牲了自己的一條腿，換來一流的啤酒釀造技術。至此，德國啤酒廠商才恍然大悟，但自己的技術早已被竊，再也無法挽回。

二〇〇〇年北京有家塗料廠的老闆，爲了打開銷路，不惜在大庭廣衆之下親自喝下半瓶塗料，證明自己的產品無毒。結果引起一片譁然，媒體也隨之炒作起來，這樣引起了社會的廣泛注意，銷量大增。

這就是典型的「苦肉計」。

事業陷入僵局的時候，如果試過各種方法都難以奏效，不妨試著使用「苦肉計」，吸引消費大衆的目光，提高知名度。能善用此計者，雖然一時之間必得吃足苦頭，但往後的甜頭必定能彌補先前的損失。

商戰筆記

• 想迅速打開商品知名度，有時得使用「自戕」的方法吸引消費者的目光；想製造話題，苦肉計不失為一個妙法。

# 放棄小利益，換取顧客的心

暫時的「讓利」並不吃虧，因為損失的利益換來了顧客信賴，從宏觀的角度來看，無疑是最划得來的方式。

要讓消費者掏出口袋中的鈔票，必須先有效地攻佔他們的心。

這個道理大家都懂，所以聰明的商人，無不想盡辦法，力求贏得顧客的心，使自己在激烈的市場競爭中站穩腳跟。

位於倫敦西部，號稱英國最大零售商場的哈樂斯百貨公司，在這方面向來有一門獨家「絕活」——減價。

減價這一招大家都會，也能算是獨門絕活嗎？

是的，「減價競爭，薄利多銷」是大家耳熟能詳的老概念，根本不稀奇，但哈樂斯百貨公司的確是由於進行一連串減價活動，才得以在英國乃至全世界零售業中出人頭地，建立起較高信譽。

哈樂斯之所以成功，得歸功於它在運作上採取了許多特別的小「手段」。首先，減價時間是固定的，每年一月和七月各舉行一次；其次，持續的時間相當長，每次約三個星期；再者，減價涵蓋的範圍非常大，包括所有在店內出售的商品；第四，折扣幅度很大，甚至達到平日的半價。所以，哈樂斯的每一次減價活動，都能夠成爲人們期待和關注的焦點，甚至在整個英國引起轟動。

活動開始的第一天，場面最爲壯觀。商場還沒開門，就已有成千上萬人提著各色購物袋，聚集在大門口前的街道上，盼望著等一下開門後能立即跑到該去的地方，買到自己早已看中的東西。

九點整，商場的十個入口同時開啓，人群頓時像潮水一樣湧入，不出幾分鐘時間，總面積廣達五公頃的賣場便人滿爲患。

但如此大規模、大幅度的降價銷售，公司還能獲利嗎？

答案絕對是肯定的，非但足以獲利，而且稱得上「大賺一筆」。至於原因，可以從以下三點來分析：

第一，降價出售的商品中，有不少是存貨，過往不受歡迎。與其繼續在倉庫中堆積，倒不如便宜出售折換現金，無論所得多少，都比繼續滯銷好。

第二，展開降價銷售之前，哈樂斯必定會先與供貨廠商取得協議，以低價進一些產品，然後再以低價出售。所以儘管哈樂斯全面大幅度降價，卻不至於虧損。

第三，最重要的一點，透過這個活動，哈樂斯提高了自身在消費者心目中的地位，更打響知名度。如此一來，即便是平日未降價時間，人們也願意前往購物，觀光客來到倫敦，也都會慕名前往光顧。

曾任哈樂斯公司董事長的克拉克曾說：「每次減價，就像在打一場戰役，即便只能獲得微利，甚至無利可圖，我們都離不開它。大減價已成爲維繫哈樂斯公司生命的血液，因爲它可以消除庫存，提高公司聲望，與顧客建立牢固的關係，並使所有員工精神振奮。」

抓住顧客的心，才可能將生意長久地經營下去。

暫時的「讓利」並不吃虧，因爲損失了一些利益，可以換來顧客信賴，從宏觀角度來看，無疑是最划得來的方式。

## 商戰筆記

- 對商家來說，減價銷售不僅是提升買氣的機會，更可以趁機出清存貨、提振員工士氣，一舉數得，兼具有形與無形效果。
- 放棄部分利益以換取顧客的心，藉此穩固日後的長久發展，從長遠角度來看，都是一種最划算的方式。

# 讓產品「受苦」，買氣便能進補

使顧客對產品各種品質指標放心非常重要。為解除購買者種種疑慮，必要時可施展「苦肉計」，讓產品受受「苦」也無妨。

經營者必須懂得展現產品的價值，時時刻刻把握市場上的變動趨勢，採取不同的營銷策略。在產品正式進入市場之際，可以先將產品的形象概念公諸於世，以驅動、誘發消費者的購買慾望。

有些企業會以破壞性試驗、功能性展銷等方式達到征服用戶的目的。破壞性試驗是指在大庭廣衆之下，對產品施加強烈的外力衝擊，加強人們對產品品質的信心。

只要產品品質有保障，不論如何破壞都不會受到影響。聰明的生意人可以利用這一點，「破壞」自家產品，必能帶給人強烈的印象，買氣也必將增強。

聞名遐邇的「星辰錶」問世之初並不受消費者賞識，儘管用盡各種廣告宣傳手法，仍無法與雄踞手錶業霸主寶座百年的對手競爭。公司高層認爲，必須採取非常手法，才能吸引消費者目光。

於是，「星辰」舉辦了一個令人咋舌的造勢活動：某時某刻將有一架飛機在某地拋下一批手錶，誰撿到就歸誰所有。

果然，到了當天，一架直升機飛臨好奇而來的人群上空，在百米高處向就近的空地撒下一片「錶雨」。

人們爭相撿錶，發現這些「大難不死」的手錶居然走動正常，無不爲它們的精良耐用感到吃驚。

沒多久，「星辰」的名聲大振，震動了整個鐘錶業。

上述例子說明，產品本身的品質是最有說服力的廣告，用戶最信服的是自己親眼看到的事實。

一種產品能否征服用戶，最有效的手段是讓產品本身說話。顧客喜愛的產品，才是最好的產品。

在以用戶為主的市場競爭中，使顧客對產品各種品質指標放心非常重要。為解除購買者種種疑慮，必要時可施展「苦肉計」，讓產品受受「苦」也無妨。

## 商戰筆記

- 只要產品品質有保障，不論如何破壞都不會受到影響，聰明的生意人可以利用這一點，「破壞」自家產品，必能帶給人強烈的印象，買氣也必將增強。
- 透過櫥窗、櫃檯及其他方式，公開讓產品運轉，這種功能性展銷，可以給人性能可靠的感覺。

# 掌握「價格」這把鋒利武器

新產品剛進入市場時，透過低廉的價格去吸引消費者購買，確實是一條能有效達到目的、從競爭中取勝的良策。

美國太姆公司幾十年前開始生產手錶，當時市場上強手如林，一家名不見經傳的小公司要殺出一條生路，開拓並擴大自己的市場，相當不易。

然而太姆公司胸有成竹、充滿信心。

他們認爲，手錶的需求彈性大，消費潛力也較大。市場上高價錶已經太多，趨於飽和，若採用低價策略，一定能夠打進去。

因此，太姆公司在長達幾十年的經營中，一直堅持對新產品採取低價策略，不斷以誘人價格展開攻擊。

太姆公司最初面市的男式手錶，每只售價僅七美元左右，價格比當時一般低價手錶更低。首次生產電子錶並推入市場，售價也只有三十多美元，是當時同類產品的一半。

豪華型石英手錶問世之初，定價超過一千美元，日本、瑞士和美國其他手錶廠生產的石英手錶，也多要四百美元。但太姆公司石英手錶首次登場，售價不過一百二十五美元。

一般說來，新產品剛進入市場時，由於消費者的瞭解、信任度不夠，多會傾向持觀望、謹愼態度。面對這樣尷尬的狀況，公司除了大力宣傳、促銷之外，透過低廉的價格去吸引消費者購買，確實是一條能有效達到目的、從競爭中取勝的良策。廉價促銷，可以大幅提升銷售量。

低價銷售促使企業生產擴大，而生產量擴大，又可帶動成本降低，盈利增加，形成一個運轉的良性循環。

產品創新的目的，就是在打入市場，提升佔有率，因此有些企業會爲新產品訂出低價，以求達到促銷目的，甚至寧可最初不要獲利，只求以驚人的低價爭取消費者，擊敗競爭對手。

太姆公司原本沒沒無聞，透過低價策略在美國市場站穩腳跟，後來便成爲世界聞名的手錶製造公司，一路走來，靠的都是低價銷售這個武器。

商戰筆記

- 儘管可能影響銷售的原因非常多，不可否認，「價格」仍是最重要的一個因素。
- 降價是為了擴大銷售量，無論採用任何手段打入市場，最終唯一目的，都在提升營利，提升市佔率。

# 孤注一擲換來出乎意料的奇蹟

在局勢生變時，應該以用最快速度權衡得失、做出正確的決定，如此才能戰勝逆境和詭譎情勢，取得成功。

面臨抉擇之時，選擇正向面對，於關鍵時刻孤注一擲，往往是起死回生、化險爲夷的良策。

美國華爾街大佬摩根在這方面表現非常出色，可以稱得上是典範。

摩根家族先祖自英國遷移到美洲，傳到約瑟夫．摩根的時候，賣掉位在麻塞諸塞州的農場，於哈特福定居下來。

約瑟夫最初以經營咖啡館爲生，同時還賣些旅行用的籃子。如此雙管齊下，苦心經營一陣子之後，他用賺來的錢蓋了一座相當氣派的大旅館，還買下船運公司股票，成了大企業的股東，逐漸變得越來越富有。

但眞正使約瑟夫．摩根賺到大錢，卻是憑藉一次「孤注一擲」。

一八三五年，約瑟夫投資一家叫作「伊特那火災」的小型保險公司。哈特福算是美國的保險業發祥地，但當時的保險公司僅有屈指可數的幾家而已。所謂投資，手續相當簡單，只要在股東名冊上簽下姓名即可。

投資者署名後，就能收取投保者繳納的手續費。只要沒有火災，這門無本生意就穩賺不賠，因爲投資者的信用本身就是資產。

然而，不幸的是，不久竟發生了一起規模非常大的火災。

消息傳出後，所有投資者都聚集在約瑟夫的旅館裡，個個嚇得面色慘白，急得如同熱鍋上的螞蟻。他們顯然沒經歷過這樣的事情，不但驚慌失措，還紛紛表示願意自動放棄手中的股份，只求跟保險公司脫離關係。

約瑟夫卻不然，他認準這是一個值得一搏的好時機，一口氣買下他們賣出的股份，甚至說：「爲了付清費用，就是把旅館賣了也在所不惜。」

完成股份收購後，約瑟夫．摩根大方地承諾賠償所有受災保戶，只提出一點聲

明：下一次簽約時，投保手續費會提高。

不久，從紐約回來的代理人帶回了大筆現款，以及天大的好消息——投保者全都同意摩根的要求，甚至表示上漲一倍都沒有關係，因爲「信用可靠的伊特那火災保險」已在紐約建立起形象和名號。

因此，火災後不到一年，約瑟夫·摩根就淨賺了十幾萬美元。

杜絕猶豫不決的弱點，在局勢生變時，應以用最快速度權衡得失、做出正確決定，如此才能戰勝逆境和詭譎情勢，取得成功。

### 商戰筆記

- 優秀的企業家必須具備勇氣與速度，做決策時要明快果斷，不能猶豫不決。
- 當狀況發生，權衡得失，不能兩全時，聰明的企業家會寧可放棄暫時利益，為信用孤注一擲，因為信譽形象對企業的影響力不容小覷。

第35計

# 連環計

【原文】

將多兵眾，不可以敵，使其自累，以殺其勢。在師中吉，承天寵也。

【注釋】

自累：指自相拖累，自相箝制。

以殺其勢：殺，減弱、削弱、剎住。勢，勢力、勢頭。殺其勢，指減弱、剎住敵軍來勢洶洶的勢頭。

在師中吉，承天寵也：語見《易經．師卦》：「在師中吉，承天寵也。」師卦九二以一陽而統群陰，處於險中，然而剛而得中，得制勝之道，所以吉利，猶如秉承上天錫命一樣得寵。

【譯文】

敵人力量強大，千萬不要硬拼，而要運用計策使他們精力分散，以此來削弱對方的戰鬥力。主帥如果能巧妙地運用計謀，克敵制勝就如同有天神相助一般。

【計名探源】

連環計，指多計並用，計計相連，環環相扣，一計累敵，一計攻敵，面對任何強敵，攻無不克戰無不勝。

此計關鍵是要使敵人「自累」，使敵人自己損耗自己，使敵人行動盲目，勢力削弱。這樣，就爲圍殲敵人創造了良好的條件。

《孫子兵法．行軍篇》強調：「兵非貴益多，惟無武進，足以並力料敵取人而已。夫惟無慮而易敵者，必擒於人。」

兩軍作戰之時，不是兵力愈多愈好，而要既能集中兵力，又能判明敵情，才足以獲得勝利。欠缺深謀遠慮，輕舉妄動的結果，只會爲自己招來不測。

此外，與敵人交戰之時，必須審慎衡量敵我雙方的實力，能打就打，不能打就要避開正面交戰，設法使用計謀讓對方鬆懈，再伺機行事。

# 想套利，就得施展連環計

擁有洞悉市場價值的銳利目光，善於應用「連環套計」的經商謀略，只要認為有利可圖就放手一搏，如此才會成功。

「連環套計」是兵家常用的韜略，同時也是精明的商人常用的謀略。對於缺乏本錢的人來說，更應該善加應用。

其中，最巧妙的手段，就是先渾水摸魚再巧施其他妙計，達到從無到有的目的。無論在交易貿易上，或者創業階段，都可以考慮使用這種方法。

美國前總統唐納．川普（Donald Trump），是知名的超級富豪，名下擁有龐大的物產，著名的如巨型商場、五星級酒店、賭場等等，多得難以數計。他之所以能有今日的成就，原因很多，但相當重要的一點，就是極善於玩弄發財「連環計」，從中謀取大財。

十三歲時，唐納．川普進入軍校就讀，之後又轉入商業學院。這時，他父親的建築事業頗爲出色，唐納．川普對這一行產生濃厚興趣，決心要赤手空拳開創出一番事業。

還在軍校讀書時，他就時時留意經濟局勢變化，發現房地產業大有可爲，確實可以在這一行大展拳腳。

眞正使唐納．川普成功的傑作，是他兩次運用「連環計」，進而獲得豐厚利潤的成功經驗。

第一次是一九六四年，那時，俄亥俄州辛辛那提市有一個平民住宅區，原來的業主因爲房屋過於破舊，沒人租用而收不到房租，只好宣告破產。當這個平民住宅區公開拍賣時，居然無人問津。因此，原業主十分苦惱，四處尋求買主，以求將破爛房屋脫手。

唐納．川普獨具慧眼，認爲這個地方一定會有厚利可圖，於是向銀行舉債貸款，買下了這個平民住宅區。買下之後，詳細分析了原業主經營失敗的原因，一一針對缺失加以改進。

爲了使房產增値，他以這些房屋作爲抵押，再次舉債，用來投資修整改建，之後再重新出售。一年後，唐納．川普淨賺入五百多萬美元。

第一次成功之後，唐納．川普對這一行更有信心，於是繼續不停地尋找機會，伺機再展宏圖。

一九七三年，唐納．川普又一次成功操作了發財術。

這一年，他在看報紙時讀到一個消息：賓州中央鐵路由於資不抵債，無法繼續運行，宣布破產，並且擬將金庫多酒店公開拍賣。

當時，金庫多酒店所處地段相當有利，拍賣消息傳出後，衆多客商都踴躍爭購，但一看到高額的起標價便收了手。

唐納．川普卻不退縮，他認爲這個酒店處黃金地段，一流的位置必然會產生一流的商業效益，因此毫不猶豫地向銀行貸款一千萬美元，一舉收購了酒店。之後又以酒店作爲抵押，再度舉貸八千萬餘美元，對酒店進行全面改建裝修。

一年之後，酒店裝修完畢，正式對外營業，每年淨利高達三千多萬美元，利潤十分驚人。

兩次成功，使得唐納．川普搖身一變，成了超級大富豪。

唐納．川普的成功，不僅由於他擁有洞悉市場價值的銳利目光，與相當程度的勇氣和決心，更因爲他善於應用「連環套計」的經商謀略，只要認爲有利可圖就構思計劃如何推展，接著放手一搏，從而得到超越一般人的成果。

## 商戰筆記

- 想要套利，就必須鎖定目標，構思連環計劃「連環計」是絕佳的商場謀略，若遇上千載難逢的好時機，必須好好加以運用。

# 思慮周詳，計策才能施展

佈局周密完整，沒有破綻漏洞，計策才能完善無缺地施展。只有思慮周到，才不會因百密一疏，造成「為山九仞，功虧一簣」的情況。

現代企業由於競爭壓力，紛紛朝多角化、多元化經營的方向發展。不少企業爲了壯大聲勢，贏得消費者的信賴，充分地佔領市場，紛紛設立子公司、連鎖店。這些關係企業雖然財務、人事、行銷、生產都各自獨立，但許多方面仍然互相支援，互通有無。如此，不僅符合經濟規模，管理方面也可獲得較大的利益和較高的效率。

這種關係企業的發展和連鎖的結合，可以看成是「連環計」的運用，形成唇齒相依、榮辱與共的密切關係，從而在競爭之中取得優勢。

就個人而言，巧妙運用「連環計」，也可以在競逐中獲得勝利。將手中掌握到的各項資訊連結起來，使之環環相扣，便能在競爭中取得優勢，做成一筆又一筆穩賺不賠的生意。不過，要是思慮不夠周詳，佈局不夠嚴密，計策總是漏洞百出，就難以成功。

圖德拉原是委內瑞拉的一名工程師，他想做石油生意，可是既無石油界的人脈關係，又無雄厚的資金。

幾番思索，採用了「迂迴」的連環計。

他先從一位朋友處打聽到阿根廷需要購買二千萬美元的丁烷，並且又知道阿根廷的牛肉過剩。

接著，他飛到西班牙，那裡的造船廠正爲沒有人訂貨而發愁。

於是，他告訴西班牙人：「如果你們向我買二千萬美元的牛肉，我就向你們的造船廠訂購一艘造價二千萬美元的超級油輪。」

西班牙人一聽，愉快地接受了他的建議。

就這樣，他把阿根廷的牛肉轉手賣給了西班牙。

此後，圖德拉又找到了一家石油公司，以購買對方二千萬美元的丁烷爲交換條件，讓石油公司租用他在西班牙建造的超級油輪。

圖德拉憑著「迂迴」的藝術，精心設計了一個大膽的「連環計」，單槍匹馬殺入了石油海運行列，開始了前途遠大的經營計劃。

「連環計」的運用，最重要的是佈局，佈局周密完整，沒有破綻漏洞，計策才能完善無缺地施展。只有思慮周到，組織能力強，能充分結合主客觀因素，才不會因百密一疏，造成「爲山九仞，功虧一簣」的情況。

商戰筆記

- 施展連環計必須佈局周密，如果思慮不夠周詳，佈局不夠嚴密，計策漏洞百出，就不可能達成獲利目標。
- 將手中掌握到的各項資訊連結起來，使之環環相扣，便能在競爭中取得優勢。

# 猶豫只會成全他人的勝利

想要成功就該時時搜集資訊，觀察行情，在為數眾多的資訊中挑選出最重要的，然後憑自己的才能加以判斷。

一八六五年，美國南北戰爭宣告結束。北方政府戰勝了南方農業園主，但林肯總統不久後被刺身亡。

全美國都沉浸在歡樂與悲痛的兩極化情緒之中，這時，日後成爲美國鋼鐵巨頭的安德魯．卡內基卻看到了龐大的商機。他預料到戰爭結束之後經濟復甦必然降臨，大量建設展開，對於鋼鐵的需求量將會與日俱增。

於是，他毅然決然地辭去鐵路部門報酬優渥的工作，創立了聯合製鐵公司，同時讓弟弟湯姆創立匹茲堡火車頭製造公司，並經營蘇必略鐵礦。

上天賦予了卡內基絕佳的機會。美國擊敗了墨西哥，奪得了加利福尼亞州，決定在那裡興建一條鐵路，同時，又規劃修建橫貫鐵路。當時，幾乎沒有什麼投資會比鐵路更加賺錢了。

聯邦政府與議會首先核准建造太平洋鐵路，再以這條鐵路爲中心線，依序核准另外三條橫貫大陸的鐵路線。

一條是從蘇必略湖橫貫明尼蘇達，經加拿大國界附近的蒙大拿西南部，橫過洛磯山脈，到達奧勒崗的北太平洋鐵路。一條是以密西西比河的北契爾巴港爲起點，橫越過德克薩斯州，經墨西哥邊界城市埃爾帕索到達洛杉磯，再進入舊金山的南太平洋鐵路；第三條由堪薩斯州溯阿色河，越過科羅拉多河到達聖地牙哥的聖大菲。

接著，縱橫交錯的鐵路建設企劃與申請紛紛提出，竟達數十條之多，美洲大陸的鐵路革命時代即將來臨。

「美洲大陸現在是鐵路時代、鋼鐵時代，需要建造鐵路、火車頭和鋼軌，鋼鐵是一本萬利的。」卡內基這麼思索。

不久，卡內基在聯合製鐵廠中豎立起一座高達二十二．五公尺高的熔礦爐。這是當時世界最大的熔礦爐，對於它的建造，投資者均感到提心吊膽，生怕會血本無歸。但卡內基的努力，讓所有擔心都成了杞人憂天。

首先，他聘請化學專家駐廠，檢驗買進的礦石、灰石和焦炭的品質，使產品、零件及原材料的檢測系統化。

接著，又引入科學化的經營，因為當時從原料的購進到產品的賣出，往往顯得雜亂無章，直到結帳時才知道盈虧狀況，完全不存在科學經營方式。

卡內基在經營方式上大力整頓，貫徹了各層次職責分明的高效率概念，使生產力大為提高。同時，他買下英國道茲工程師「兄弟鋼鐵製造」專利，又買下了「焦碳洗滌還原法」的專利。

這項決定頗有先見之明，若非如此，卡內基的鋼鐵事業必定會在不久之後的經濟大蕭條中成為犧牲品。

一八七三年，經濟大蕭條不期而至。銀行、證券交易所相繼倒閉，各地的鐵路工程支付款突然被中斷，施工戛然而止，鐵礦場及煤山相繼歇業，匹茲堡的爐火也不得不熄滅。

卡內基斷言：「只有在經濟蕭條的年代，才能以便宜的價格買到鋼鐵廠的建材，工資也相對較為便宜。其他鋼鐵公司相繼倒閉，向鋼鐵挑戰的東部老闆也已鳴金收兵。這正是千載難逢的好機會，絕不可以失之交臂。」

如此艱困的情況下，卡內基卻反常人之道，打算建造一座鋼鐵製造廠。

他開始進行一個百萬元規模的投資，建造貝亞默式五噸轉爐兩座，旋轉爐一座，再加上亞門斯式五噸熔爐兩座。自一八七五年一月開始運作，鋼軌年產量達到三萬噸，每噸製造成本大約六十九萬。

當時鋼軌的平均成本大約是一百一十萬元，新設備投資額是一百萬元，第一年的收益就相當於成本，比股票投資獲利更高，股東們同意發行共同債券。一八七五年八月六日，卡內基收到第一份訂單——二千支鋼軌。熔爐點燃了，每噸鋼軌的總成本比原先的估計還要便宜許多。

一八八一年，卡內基與煤炭大王費里克達成協議，雙方投資組建F．C費里克公司，各持一半股份。同年，卡內基以他自己三家製鐵公司爲主體，聯合許多煤炭公司，成立卡內基公司聯合體。

卡內基兄弟的鋼鐵產量居全美的七分之一，逐步壟斷鋼鐵市場。一八九〇年吞併狄克森鋼鐵公司之後，一舉將資金增至二千五百萬美元，正式更名爲卡內基鋼鐵公司。不久之後，又更名爲US鋼鐵公司集團。

卡內基的成功，與他善於掌握有利時機有絕對的關聯，善於利用機遇比怨天尤人更爲有益。

想要成功就該時時搜集資訊，觀察行情，在爲數衆多的資訊中挑選出最重要的，然後憑自己的才能加以判斷。只要認爲是對的，有發展前景的，就趕緊做出決策並付諸行動。

切記，每一次的猶豫，都等於將機會讓別人，對自己沒有幫助。

## 商戰筆記

- 無論景氣多蕭條，仍有一定的市場需要，因此能夠熬過逆境存活下來的商家，必定能坐享更大的市場。
- 做決策前需要審慎考慮，但千萬不要猶豫不決，只要評估有發展前景，就要付諸行動。

# 以多元化經營增強競爭力

多元化經營可以延長產品生產線，擴大客層，滲透現有市場或開發新的市場，所以風險較小，競爭性強，利於發揮優勢。

現代社會局面瞬息萬變，一家公司想要在日益激烈的競爭中生存發展，就必須不斷地研製新產品，開拓多元化經營，同時不斷地轉換產品生產方向。

進行技術革新和研製新產品時，必須適應因消費者生活方式改變而引起的需求變化，並且改革公司提供商品和服務內容。改變產品方向時，公司內部的生產結構也必須隨著改變，如此一來，縱使遭遇形勢嚴峻的危急時刻，也能及時調轉船頭，不至於將整籃的雞蛋全部砸破。

日本花王公司是開展多元化經營的成功案例之一。每個人從早上起床到晚上就寢，一整天都可能與花王的產品爲伴：肥皀、沐浴乳、牙膏、洗衣粉、漂白劑、清潔劑、化妝品、護膚品……等等，花王生產的家庭用品，總共超過四百種。

此外，花王還生產鞋底所用的合成橡膠纖維、混凝土所用的減水劑、食用植物油……等產品，種類繁多，公司產品合計超過一千種。

近年來，花王公司更開拓了新的生產領域，將衛生用品、紙尿布、藥用沐浴劑等逐一引入市場。

花王公司的經營策略是：不但要具備短期的適應能力，更要培養長期的生存能力。該公司前董事長丸田芳郎說：「任何公司都要設想今後可能遭遇到的問題，並擬定某種程度的應對方案。將來的情形誰也無法把握，若不做好配套措施，在策略上就會受到限制。無論如何，最重要的是，不管發生什麼問題，公司都要能夠馬上應付，毫不畏懼。」

正因爲多元化經營策略具有強大的應變能力，不管形勢發生什麼變化，花王公司都能做到機巧應變。

開展多元化經營，能夠延長產品生產線來擴大客層，充分利用銷售管道和供應商，有力地滲透現有市場或開發新的市場，風險較小，靈活性大，競爭性強，有利於發揮自身的優勢。

一旦市場發生重大變化，多元化經營型態也可以及時轉移資金，做到揚長避短，保全自我。

## 商戰筆記

- 因應現代消費者善變的消費心理，必須多方面拓展經營範圍，才能面對生活方式改變引起的需求變化。
- 將所雞蛋都放同一個籃子裡雖然可以傾注全心照顧，但同時也必須冒著「一步錯，全盤皆輸」的風險，不可不慎。

# 有周密的智謀才能出頭

企業經營者與競爭對手爭奪市場時，應全面調查瞭解市場情況和競爭對手的優弱，統籌安排，周密部署，以做到萬無一失。

「大魚吃小魚」的定見，在現代商業競爭中是有機會被擊破的。當然，小魚要逃脫被吃的命運並挺身跳過龍門，終究離不開智謀，尤其因地制宜地實施不同計謀。這便是「三十六計」中的「連環計」。

運用「連環計」最重要的是統籌安排，必須環環相扣、計計相連，不能有絲毫破綻。若其中有一環一計出現失誤，就可能造成牽一髮而動全身、缺一計而棄前功的後果。企業經營者運用此計與競爭對手爭奪市場時，應當全面調查瞭解市場情況和競爭對手的優弱，統籌安排，周密部署，以做到萬無一失。

早年，鄭州市鐘錶眼鏡店號稱中國八大眼鏡專業店之一，一直壟斷著鄭州市及周圍地區的眼鏡銷售市場。不料，正當業績蒸蒸日上的時候，周圍先後冒出了十幾家眼鏡店，形成全面圍堵的態勢。這些小店老闆時常進店轉一圈，出門就把自己店內同樣的眼鏡降低標價，並打出「配鏡迅速，立即可取」的宣傳。就這樣，個體經營者憑著靈活、嘴甜、貨廉的優勢，堵住了鄭州市鐘錶眼鏡店的財路。

一向以市場霸主自居的鄭州市鐘錶眼鏡店，面對「圍攻」，冷靜地分析了市場形勢，根據自己的優勢，採取「揚長避短、優化服務」的策略。個體戶的優勢是進退自如，售價靈活，但缺乏技術，配鏡品質無法保證，無力營造聲勢。針對這些情況，鄭州市鐘錶眼鏡店制訂並實施了如下的策略：縮減了低價位眼鏡的銷售量，以避開個體戶訂價靈活的優勢；增加了中、高價位眼鏡的花色、種類。

由於一般顧客不大懂得配眼鏡的技術，他們便在媒體上展開宣傳攻勢。一是宣傳配眼鏡的基本知識，使顧客瞭解技術若是不夠專業，將對眼睛造成損害；二是宣傳企業的信譽及提供的優質服務。

在廣為宣傳的基礎上，他們又鎖定「兒童眼鏡」發動攻勢：兒童配眼鏡半價優惠，並聘請了三位眼科專家全天候診，提供免費配眼鏡的諮詢服務。此外，還實施配送服務，把配好的眼鏡送至家門或學校，大大方便了顧客。

這一系列措施，安排得細緻、周密，一環緊扣著一環。

伴隨著擴大知名度、提高銷售量的結果，還培養了一批未來的顧客——兒童，鄭州市鐘錶眼鏡店生意的復甦自然可想而知。

經營事業不能時斷時續，應該維持良性循環，才能確保公司利潤逐漸增大。想擊退模仿者的惡性競爭，必須在決策和計劃上做到環環相扣，步步爲營。

## 商戰筆記

- 面對市場的惡性競爭，必須善用智慧計謀，規劃有遠見的策略。
- 做生意的策略必須一環扣著一環，有了細緻、周密的計劃，才能立於不敗之地，緊緊扣住顧客的心。

# 第36計

# 走為上計

【原文】

全師避敵。左次無咎，未失常也。

【注釋】

全師：師，指軍隊。全，保全。句意爲：保存軍事力量。

避敵：避開敵人。

左次無咎，未失常也：《易經．師卦》說：「左次，無咎，未失常也」。師是指軍隊、用兵。左次，是指軍隊向後撤退。古時兵家尚右，右爲前，指前進；左爲後，指退卻。全句意思爲：部隊後撤，以退爲進，不失爲常道。

【譯文】

全軍退卻，避開強敵，保存實力。以退爲進，尋找戰機，伺機破敵，這並不違背正常的用兵原則。

【計名探源】

走爲上計，指在敵我力量懸殊的不利形勢下，採取有計劃地主動撤退，避開強敵，尋找戰機。當退則退，這在謀略中也不爲失一種上策。

「三十六計，走爲上計。」語出自《南齊書．王敬則傳》：「檀公三十六計，走爲上計。」檀公指南朝名將檀道濟，相傳著有《檀公三十六計》，但未見文本流傳於世。

走爲上計，是指在我方不如敵方的情況下，爲了保存實力而主動撤退。所謂上計，並不是說「走」在三十六計中是最好的計策，而是說，在敵強我弱的情況下，我方有幾種選擇：求和、投降、死拼、撤退。四種選擇中，前三種完全沒有出路，是徹底的失敗。只有第四種撤退，可以保存實力，等待戰機捲土重來，這是最好的抉擇，因此說「走」爲上。

# 強敵在前，不如以退為進

勝券在握的時候，不可太驕傲；不盡如人意的時候，不如沉潛避開鋒芒，把握自己的潛在優勢，化危機為轉機。

有些經營者的個性非常倔強，總以爲自己決定的方向一定正確，一定要堅持到底。其實，個性太固執並不是一件好事，別把自己吊在一棵樹上，應該多尋找幾條通向羅馬的大道，在天絕人路時另覓生路。

「人無我有，人有我快，人快我好，人好我轉」是形容市場競爭的一句順口溜。仔細揣摩便不難發現，除了強調主動進攻之外，也提醒企業家把握以退爲進、避敵覓機的靈活性，注意「全師」態勢，以防止全盤潰散。

在激烈的競爭中，經營者應冷靜、客觀地分析市場形勢，預測市場前景。正確掌握「走」的藝術，關鍵在於果斷地終止前景暗淡的投資和經營項目，減少虧損，降低負效益，並且在企業運轉順利的情況下，預測未來可能發生的情況，立即停止進行可能碰上意外的專案。

這些決定或許會減少部分營利，但由於「煞車」及時，往往能躲過市場不利的變動。

若是在競爭中遇到強大對手，實力對比不及對方時，更應該果斷地退守，並積極主動地調整經營方向和產品結構，尋找新的市場，使企業轉危為安。

三井公司和三菱集團是日本的兩大財團，長期相互競爭，各見所長。隨著局勢變化，三井公司在其中一次競爭中遭到毀滅性的打擊。

當時，三井的產品全部積壓在倉庫中，賣不出去也收不到錢，資金難以周轉，想要再進行大規模的生產計劃幾乎不可能，公司面臨了空前的危機。

其實，三井公司並非毫無籌碼，因為他們還擁有一項不為外人所知的技術，只是緩不濟急，無法即刻彌補運作上的破洞。

有不少人在董事會上要求負責人益田壽，以交出這項新技術來和三菱集團談條件，藉此挽救公司。

但是，益田壽卻不以為然，反而宣布暫時停止營業，同時大量裁員至只剩下十分之一的員工。暫停營業後，三井公司再發布新聞稿，向大衆宣告未來將徹底改變經營方向。

至此，三菱集團以為成功將三井公司逐出市場，開始積極推展獨佔事業，更藉此提高產品售價。

誰知，不到三個月，三井公司竟捲土重來，將試驗成功的新產品推動上市。由於新技術奏效，使得成本大幅降低，並將價格調降到比三菱更低，果然成功奪回市場。三菱集團的產品全部滯銷，不得不低頭認輸。

以上便是「勝不驕，敗不餒」的最佳例證，想要成功，就要時時保持清醒的頭腦，勝券在握的時候，不可得意驕傲；情勢對自己不利的時候，不如沉潛避開鋒芒，把握自己的潛在優勢，化危機為轉機。

只懂得前進，雖然有勇氣，但遭遇危險時往往不知規避；至於不思進取，只想維持現狀，則終究難成大器。所以，優秀的領導者應該掌握一個原則：當進就進，該退就退。

進行決策的過程中，進退之間應該如何取捨？

簡單來說，可以得利的事情，要進而取之；遇到障礙和阻力時，何妨退而求其次，先穩定下來再說。

## 商戰筆記

- 死守某個營運方向不一定是最佳的決策，環智地分析市場現狀及時退守，才能維持長久的經營。
- 找出適合自己的前進方向，避掉不必要的困境，才是聰明的經營方針，可以有效轉危為安。

# 哀兵也是一種商戰巧策

感情或感覺往往凌駕於理性，誘導人們做出完全相反的決定，使反對者變成贊成者，這是潛在的人性弱點。

很多人都有一種憐弱抗強心理。《孫子兵法》中提到的「哀兵必勝」，就是由於人的這種心理在起作用。

經營者對於不可理喻的對手，試著用哀求的方式，也可能收到預期效果。

以下是發生於美國的眞實案例。

有一位少年站在地鐵的月台上，不小心掉到鐵軌上，此時剛好有一輛電車進站，雖然他萬幸地保全了性命，但是卻受了重傷，失去手腕。

這個少年委託律師向地鐵公司提出控告，但是不論地方法院或是高等法院的審判，都認爲這並不是地鐵公司的過失，完全是少年自己的不小心所造成的後果。

這個少年每天心情沉重，過著鬱鬱寡歡的日子。

終於到了三審最後判決的日子，在這最後的一場辯論中，法院竟宣判少年反敗爲勝，而且全體陪審員也一致贊同。

據說，這樣的逆轉完全是由於少年的辯護律師，在當天的最後辯論中，說了這麼一句話：「昨天，我看到他用餐時，直接用舌頭去舔取盤子裡的食物，不禁當場掉下了眼淚。」

這句話使陪審團的判決有了一百八十度的大轉變，其原因是顯而易見的，因爲人類是感情的動物，即使有千百個理由，也比不上一個令人動容的景象。

有些表面上看起來理性的意見或決定，事實上卻是依賴人的感情和感覺來做判斷。也就是說，感情或感覺往往凌駕於理性，誘導人們做出完全相反的決定，使反對者變成贊成者，這是潛在的人性弱點。

從這個角度來說，那些總是堅持理性立場的人，也會隨著心情變化、情緒變化，流露出柔弱的一面。

熟諳商戰謀略的強者，懂得掌握人性的這種弱點，因而能動之以情，瓦解對手的心防。

商戰筆記

- 針對人性弱點巧用謀略，往往能達到自己的目的。
- 《孫子兵法》中的哀兵策略絕對有功效，人是感情的動物，只要善用哀兵之計，就算百煉鋼也能化為繞指柔。

# 轉移陣地，會讓營運出現轉機

選定人潮往來的樞紐地位，不但可以增加企業的能見度，同時也可以加深消費者的印象。

做餐飲、服務生意，除了要找對經營方向，能不能選定一個好的經營點，將會決定一家企業能否順利開展。

這正是黃金地段人人想搶的最大原因。

這類型行業經營遭遇到困難之時，要是服務品質在水準之上，或許可以先考慮一下周圍的環境是否出了什麼問題，如果短期內無法改善，則要當機立斷，另尋合適的地點。

想要成功，不但要正視問題，更要想辦法找到解決方案。不能徹底解決問題，生意就難有起色。

燕濱大酒店一開張生意就源源不絕，令同業眼紅。酒店的裝潢細緻講究，顯得豪華典雅，濃濃的民族風格加上先進的設備，令人賞心悅目。服務人員親切周到，也爲飯店加分不少。但是，這些並不算非常特別，市區內其他飯店的設備設施和服務品質也毫不遜色，偏偏生意就是不如燕濱大酒店熱絡。

相關業者經過一番探查，才發現燕濱大酒店並不是得天獨厚，而是經過一連串的變革之後，才有如今的光景。

其中最爲關鍵的決策，就是「轉移陣地」。

原來，燕濱大酒店原本蓋在市郊，就地理位置來說較爲偏遠。當時，不管再怎麼提升服務水準，或是調降價格，酒店仍然門可羅雀，生意始終沒有什麼起色。

最後，總經理進行深入的市場調查，確定是因爲地點的因素導致酒店生意清淡，於是決定轉移陣地，想盡辦法買下市內商業中心最精華的地段，在鬧區蓋建新的酒店大廈。

新的酒店地點剛好位於交通樞紐位置，由於交通方便，整天人來人往，果然對生意大有幫助，使燕濱大酒店獲得空前的成功。

餐飲、服務業最需要的就是人潮，選定人潮往來的樞紐地位，不但可以增加企業的能見度，同時也可以加深消費者的印象。

借助環境本身的優勢，將可以獲得事半功倍的良效。

商戰筆記

• 從事服務業，若是經營遭遇到困難，或許可以先考慮一下周圍的環境是否出了什麼問題，如果短期內無法改善，即要當機立斷，另尋合適的地點。

• 營運不見起色時，不但要正視問題，更要想辦法找到解決方案。有時，轉移陣地會讓生意出現轉機。

# 探清局勢，放膽去嘗試

一般而言，如果價格競爭激烈，平均利潤下降，需求明顯衰退時，就意味著市場已經飽和，應當考慮轉向。

企業當然必須擁有足夠的競爭意識，必須要敢於競爭，才能擴大實力，若是缺乏市場競爭意識，就證明了這個組織有可能缺乏實力，或者是領導者缺乏智慧。

想要突破這種狀況，就要想著：凡是自己看準的東西，不妨就放膽嘗試，縱然最後失敗了，也多學到一次經驗教訓。

競爭可以擴大實力，實力都是在一次次的競爭中不斷累積的。

那麼該如何競爭？如何在市場競爭中保持不敗？

要想不敗，必須要摸清時勢，也就是市場行情，從中找出可以下手的突破點，

否則任何形式的競爭都是盲目的。

如何在已經成型的市場中闖出一條新的出路呢？這是私人企業經營者必須考慮的首要問題。

一般而言，一個企業發展到一定的程度，就會有一定的市場佔有率，自然就面對到進一步重新擴大自己競爭實力的問題。只有突破舊有的市場瓶頸，才能開拓新的市場格局。

瑞典有家號稱「填空檔」的公司，經營方針就是所謂的「人無我有，人有我專」，專門經營市場上的空檔商品，只做獨家生意。

一九八四年，瑞典的童帽市場充斥著硬帽，經營軟帽的商家並不多，這年氣候偏冷，可保護耳朵的軟帽一時告緊，此時這家公司將五十萬頂軟帽投放市場，結果造成大搶購。

這家公司的市場情報十分準確，市場預測很少失誤，一旦發現空檔，立即介入，等到其他投資者聞訊趕來時，該公司早已賺得大把銀子，轉向填補其他空檔了。

所以，它從來沒有與其他公司正面交鋒過，相當順利。

這家瑞典公司是一個獨特的例子，它的經營方針能說明一個道理——任何市場都不可能長盛不衰，一個成功的經營者，應當隨時準備轉向發展。

當然，已經駕輕就熟的市場，不論在貨源或是顧客方面都經過長時間的經營配置，各方面都十分順當，想要突然轉向並不是一件容易的事。

很多商家往往在這一點上面吃虧，他們藉著勢順，大量投入成本，一旦市場崩潰，庫存堆積如山，原想趁勢大撈一筆，但這時卻有可能血本無歸。

由此可見，商場經營雖然能做到十分，但還是稍有保留，做到七、八分即可，不要太過躁進。

什麼時候要開始考慮轉向，應當從市場的徵狀來看問題。

一般而言，如果價格競爭激烈，平均利潤下降，需求明顯衰退時，就意味著市場已經飽和，應當考慮轉向。

如果此時又出現了新的、更好的替代產品，那麼，轉向的問題就迫在眉睫了，必須馬上解決。

是否轉向，何時轉向，對不同實力的商家，情況都不一樣。

如果經營實力和競爭實力都十分雄厚，在市場上能夠左右局勢，那麼此時應採取的策略，是乘競爭對手遲疑猶豫之際，展開強而有力的攻勢，促使對手痛下轉向的決心，迫其離開市場，乘機奪取他們原來的客戶。

如果經營實力和競爭實力較弱，原本就沒有佔有太多份額，也沒有獨特的優勢，那麼此時應毫不猶豫地放棄舊市場，而且越快越好。盡早退出，尚可順利地回收投資，將庫存轉爲現金。若是猶豫不決，就極有可能成爲市場衰退的犧牲品。

在市場全盛時期，擴大投資和進貨，是擴線和增加利潤的有力手段，而在市場衰退時，如何緊縮進貨，回收投資，則是從容退出的有力手段。

## 商戰筆記

- 能捨才能得，局勢不利之時，可以適時放棄舊市場，才有能力開拓新市場。
- 考慮轉向退出舊市場，首先要衡量自身實力，找出最適當的時機。

智謀經典
39

# 孫子兵法三十六計：商戰奇謀妙計 II

作　　者　羅　策
社　　長　陳維都
藝術總監　黃聖文
編輯總監　王　凌
出 版 者　普天出版家族有限公司
新北市汐止區忠二街 6 巷 15 號
TEL / (02) 26435033 (代表號)
FAX / (02) 26486465
E-mail：asia.books@msa.hinet.net
http://www.popu.com.tw/
郵政劃撥 19091443 陳維都帳戶
總 經 銷　旭昇圖書有限公司
新北市中和區中山路二段 352 號 2F
TEL / (02) 22451480 (代表號)
FAX / (02) 22451479
E-mail：s1686688@ms31.hinet.net
法律顧問　西華律師事務所・黃憲男律師
電腦排版　巨新電腦排版有限公司
印製裝訂　久裕印刷事業有限公司
出 版 日　2021 (民 110) 年 3 月第 1 版
ISBN◉978-986-389-761-3　　條碼 9789863897613


國家圖書館出版品預行編目資料

孫子兵法三十六計：商戰奇謀妙計 II ／
羅策著.—第 1 版.—：新北市,普天出版
民 110.03 面；公分. - (智謀經典；39)
ISBN◉978-986-389-761-3 (平裝)

普天之下・盡是好書
普天出版家族
Popular Press Family
凌雲文創
A-Plus Creative Company